Kompetenztest 2

Mathematik, Klasse 7/8

Ernst Klett Verlag
Stuttgart · Leipzig

Inhaltsverzeichnis

Vorwort

Liebe Schülerin, lieber Schüler,

das Ende der 8. Klasse ist nun nicht mehr weit. Bald wird es eine Prüfung geben, mit der Dein Wissen und Deine Fertigkeiten in Hinblick auf die erlernten Inhalte erfasst werden.

Der **Kompetenztest Mathematik** möchte Dich darin unterstützen, den Stoff der vergangenen beiden Schuljahre noch einmal zu wiederholen. Durch die Beschäftigung mit den Aufgaben sollen Lücken und Probleme aufdeckt werden. Das gibt Dir und Deiner Lehrerin oder Deinem Lehrer die Möglichkeit, Unklarheiten zu beseitigen und Lücken zu schließen. Auf dass Du gut vorbereitet in die „echten" Prüfungen gehst!

Zum Aufbau:
Im ersten Teil des Heftes findest Du zwölf Seiten zu **allgemeinen mathematischen Kompetenzen**, der zweite Teil enthält 30 Seiten zu den **mathematisch inhaltsbezogenen Kompetenzen**. Im letzten Teil findest Du die **Lösungen** aller Aufgaben.

Die **allgemeinen mathematischen Kompetenzen** umfassen die drei Kompetenzbereiche Argumentieren, Problemlösen und Modellieren. Auf jeweils einer Doppelseite findest Du eine Sammlung von Aufgaben, die gelöst werden sollen. Wenn Du damit Schwierigkeiten hast, kannst Du auf den darauf folgenden Basiswissenseiten noch einmal nachlesen, wie man solche Aufgaben angeht.

Die **inhaltsbezogenen Kompetenzen** sind unterteilt in die Leitideen Zahl, Messen, Raum und Form, Funktionaler Zusammenhang und Daten und Zufall. Jede Leitidee wird auf jeweils drei Doppelseiten behandelt. Die erste Doppelseite bietet komplexe Aufgaben, die so oder ähnlich in den Prüfungen auftauchen könnten. Du solltest Dich zunächst mit dieser Doppelseite beschäftigen. Wenn Du mit diesen Aufgaben noch nicht zurecht kommst, kannst Du Deine Rechenfertigkeiten auf der nächsten Doppelseite (Grundfertigkeiten) trainieren. Und wenn Du auch hier nicht weiter kommst, wird Dir die folgende Basiswissenseite weiterhelfen. Von dort aus kannst Du Dich dann schrittweise wieder zurück arbeiten zu den komplexen Aufgaben. Die folgende Grafik veranschaulicht die optimale Vorgehensweise bei der Arbeit in diesem zweiten Teil:

komplexe Aufgaben | Grundfertigkeiten | Basiswissen

Wichtiger Hinweis: Möglicherweise hast Du noch gar nicht alle Themen im Unterricht gehabt, die in diesem Heft behandelt werden. Am besten fragst Du deswegen Deinen Lehrer oder Deine Lehrerin, bevor Du mit den Aufgaben anfängst. Dann kannst Du Dich auf die Teile konzentrieren, die Du für die Prüfungen tatsächlich brauchst.
Auf den Aufgabenseiten findest Du Karogitter und Schreiblinien, in die Du Deine Lösungen eintragen kannst. Wenn der Platz für Deine Rechnungen und Zeichnungen nicht ausreicht, kannst Du Dein eigenes Heft benutzen.

Nun wünschen wir Dir viel Spaß beim Erinnern, Rechnen und Lösen und vor allem viel Erfolg für die anstehenden Prüfungen!

Dein Redaktionsteam

1 Richtig oder falsch? Begründe.

a) Prismen besitzen mindestens zwei zueinander parallele Flächen.

b) Prismen besitzen mindestens zwei zueinander parallele Seitenflächen.

c) In jedem Prisma *müssen* sämtliche Seitenflächen deckungsgleich (kongruent) sein.

d) In einem Prisma *können* sämtliche Seitenflächen deckungsgleich (kongruent) sein.

2 Florian denkt, dass die Terme $3(a + b)$ und $3a + b$ gleich sind. Zeige, dass dies nicht wahr sein kann, indem du

a) geeignete Zahlen für die Variablen einsetzt.

b) allgemein (d.h. ohne Zahlen einzusetzen) mithilfe der Rechengesetze argumentierst.

3 a) Überlege dir eine Definition für „Viereck", sodass ein Gebilde wie ABCD auch ein Viereck ist.

b) Gib eine Definition für „Viereck" an, sodass ein Gebilde wie ABCD kein Viereck ist.

4 Ergänze die folgenden Definitionen:

a) Wenn ein Rechteck ______________________, dann nennt man es ein Quadrat.

b) Wenn eine Raute ______________________, dann heißt sie Quadrat.

c) Wenn ein Drachen ______________________, dann nennt man ihn ein Quadrat.

5 Anna meint, dass die Terme $2x + 3y$ und $5xy$ gleich sind. Da sie sich nicht sicher ist, will sie ihre Vermutung testen. Anna setzt $x = 3$ und $y = 0{,}5$ in die Terme ein. Sie erhält Folgendes:
$2x + 3y = 2 \cdot 3 + 3 \cdot 0{,}5 = 6 + 1{,}5 = 7{,}5$ und
$5xy = 5 \cdot 3 \cdot 0{,}5 = 15 \cdot 0{,}5 = 7{,}5$. Der Test bestätigt Annas Vermutung. Kann sie nun sicher sein, dass ihre Vermutung zutreffend ist? Erläutere ausführlich.

6 Wie muss man vorgehen, um das linke Dreieck mit drei Strecken, wie im Schaubild, in drei deckungsgleiche (kongruente) Trapeze zu zerlegen? Beschreibe die Methode möglichst genau.

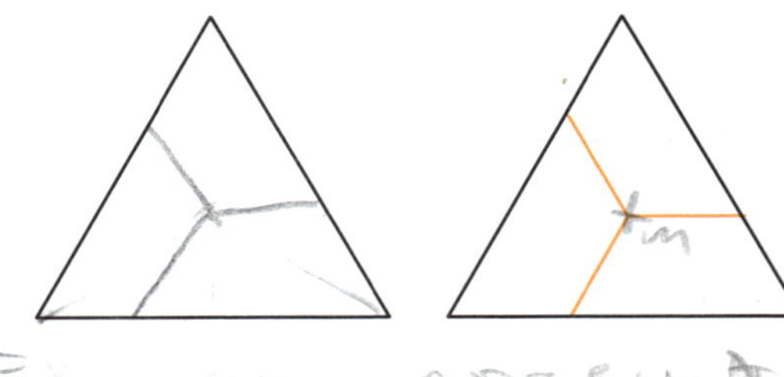

7 Anja will zeigen, dass $\frac{99}{100}$ näher an 1 liegt als $\frac{9}{10}$. Sie will jedoch dabei nicht rechnen. Wie kann sie das tun? Der Anfang ist gemacht worden. Führe Anjas Gedankengang passend weiter.
Anja: Ich stelle mir eine Torte vor. Ich stelle mir vor, ich teile sie in 10 gleiche Teile. Davon behalte ich 9 für mich. $\frac{1}{10}$ bleibt übrig. Nun stelle ich mir eine weitere Torte vor, die so groß ist wie die erste …

8 a) Setzt man natürliche Zahlen in $4n + 1$ ein, so erhält man stets ungerade Zahlen. Überprüfe diese Behauptung durch zwei Beispiele.

b) Man kann, ohne ein einziges Beispiel zu untersuchen, beweisen, dass der Term $4n + 1$ nur ungerade Werte haben kann. Wie?

c) Nicht jede ungerade Zahl lässt sich mithilfe des Terms $4n + 1$ darstellen. Stimmt das? Woran liegt es?

d) Gib vier weitere Terme an, die nur ungerade Werte haben. Du brauchst keine Begründung zu geben.

9 a) Dirk hat ein Dreieck gezeichnet und die Seitenlängen gemessen: a = 3 cm; b = 5 cm; c = 9 cm. Man erkennt sofort, dass diese Zahlen nicht stimmen können. Erkläre Dirk seinen Fehler und worauf er künftig achten sollte.

b) Erfinde eine ähnliche Aufgabe für Vierecke. Du musst deine Aufgabe nicht lösen.

10 In einem Zeitungstext konnte man 1994 Folgendes lesen:
„Tübingen – Jeder neunte Deutsche (90,2 Prozent) ist mit dem 1993 Erreichten zufrieden. Das ist das Ergebnis einer Wickert-Umfrage. Seit der Gründung 1951 haben die Wickert-Institute noch nie so viel Zufriedenheit ermittelt."
Was stimmt hier nicht? Erläutere ausführlich.

11 Die folgende Tabelle beschreibt eine Funktion:

x	0	1	2	3	4	5	6	7	8
y	−2	1	4		10		16	19	22

a) Fülle die leeren Kästchen aus.
b) Erkläre, warum diese Funktion keine proportionale Funktion ist.

c) Gib den Funktionsterm dieser Funktion an.

d) Drücke den Funktionsterm in Worten aus.

Informationen aus Diagrammen, Tabellen und Texten entnehmen, deuten und vorteilhaft nutzen

Die Abbildung zeigt die Schulwege von Nadine und Bianca.
a) Wer geht früher von zu Hause los und um wie viele Minuten?
b) Was macht Nadine zwischen 7:40 und 7:45 Uhr?
c) Was geschieht um 7:55 Uhr?
d) Wie weit ist die Schule von Nadines Wohnung entfernt?

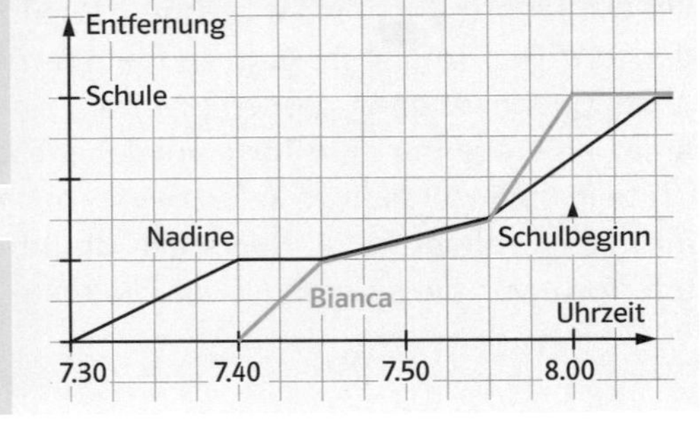

Lösung

a) Nadine geht 10 Minuten früher los.
b) Nadine bleibt an einer Stelle stehen.
c) Ab 7:55 Uhr läuft Bianca schneller als Nadine.
d) Diese Frage kann nicht eindeutig beantwortet werden.

Beim Lösen von Aufgaben dieser Art ist es wichtig, die Diagramme genau zu betrachten und möglichst viele Informationen zu erkennen. Dabei sollte man Folgendes beachten.
- Manche Informationen sind sofort sichtbar. Andere können versteckt sein.
- Manche Informationen sind notwendig, um die Aufgabe zu lösen, andere sind überflüssig.
- Es ist wichtig zu erkennen, welche Informationen ein Diagramm *nicht* liefert, siehe Teilaufgabe d).
- Beim Lösen einer solchen Aufgabe ist es nicht unbedingt notwendig, Begründungen zu liefern. Man muss lediglich die wichtigen Informationen erkennen und vorteilhaft nutzen.

Bei der obigen Aufgabe ist sofort sichtbar, dass Nadine um 7:30 Uhr von zu Hause losgeht.
Es ist jedoch nicht offensichtlich, wo der Zeitpunkt 7:45 Uhr zu finden ist. Um das zu klären, muss man verschiedene Informationen erkennen und kombinieren. Man erkennt, dass der Abschnitt zwischen 7:40 und 7:50 Uhr in vier gleiche Teile eingeteilt ist. Also entsprechen zwei Kästchen einer Zeitspanne von 5 Min., d.h. 7:55 Uhr ist der Mittelpunkt der Strecke, die die Zeitpunkte 7:40 und 7:50 Uhr trennt.

Einen Fehler finden, seine Ursachen präzise in Worte fassen

Die folgenden Termumformungen sind falsch. Wie könnten diese Fehler zustande gekommen sein? Welche Rechenregeln wurden dabei verletzt?

a) $(2s + 4t)^2 = 2s^2 + 16st + 4t^2$
b) $(-x - 4)(x + 7) = -x(x + 7) - 4(x + 7)$
$= x^2 - 7x - 4x + 28 = x^2 - 11x + 28$

Lösung

a) Hier wurde die 1. binomische Formel $(a + b)^2 = a^2 + 2ab + b^2$ benutzt. Es wurde aber außer Acht gelassen, dass dabei die gesamten Terme, die a und b ausmachen, quadriert werden müssen und nicht bloß die Variablen. Man hätte also $(2s)^2 = 4s^2$ und $(4t)^2 = 16t^2$ rechnen müssen.
b) Es gibt unterschiedliche Wege, die zu diesem Fehler führen können. Jemand könnte beispielsweise wie folgt gerechnet haben: $-x(x + 7) = x^2 - 7x$ und $-4(x + 7) = -4x + 28$. Hier wurde übersehen, dass ein Minuszeichen vor einer Klammer beim Auflösen alle Vorzeichen ändert.

Bei der Bearbeitung einer solchen Aufgabe steht die rechnerische Lösung nicht im Vordergrund. Bei der obigen Aufgabe wäre es nicht genug, die richtige Antwort anzugeben. Denn hier kommt es vor allem auf zwei Dinge an: Erstens soll man den Fehler genau identifizieren und in Worte fassen. Zweitens soll man sich bewusst machen, welche Rechenregeln verletzt wurden.

Eine gegebene Begründung überprüfen und mithilfe eines geeigneten Gegenbeispiels widerlegen

Anna: „Ich habe herausgefunden, dass Dreiecke, die in drei ihrer Angaben übereinstimmen, kongruent sind."
Tim: „Das stimmt nur für bestimmte Angaben: SSS, SWS und WSW. Wenn du deine Angaben falsch wählst, dann sind die Dreiecke nicht kongruent."
Wie kann Tim Anna davon überzeugen, dass sie sich irrt?

Lösung

Anna behauptet, dass zwei Dreiecke immer dann kongruent sind, wenn sie in drei ihrer Angaben übereinstimmen. Um zu zeigen, dass sie sich irrt, muss man ein Gegenbeispiel finden.
Es reicht aus, zwei gleichseitige Dreiecke zu finden, die unterschiedlich groß sind. Diese zwei Dreiecke stimmen (wie von Anna gefordert) in drei ihrer Angaben überein: Alle drei Winkel betragen 60°. Die Dreiecke sind dennoch offenbar nicht kongruent. Das zeigt, dass Annas Vermutung nicht stimmte.

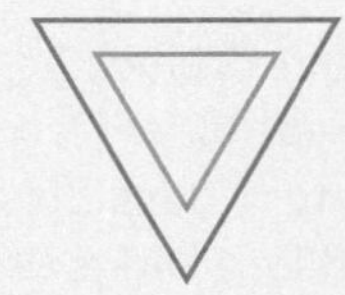

Man kann eine Aussage widerlegen, indem man ein Beispiel angibt, bei dem die Voraussetzung (der Wenn-Teil) erfüllt ist, aber die Behauptung (der Dann-Teil) nicht erfüllt ist. Ein solches Beispiel heißt Gegenbeispiel.

Eine Aussage beweisen

Beweise die folgende Behauptung: Wenn zwei Seiten eines Vierecks die gleiche Mittelsenkrechte haben, dann ist das Viereck ein symmetrisches Trapez.

Lösung

Voraussetzung: Im Viereck ABCD ist die Gerade m Mittelsenkrechte der Strecken $\overline{AB}$ und $\overline{CD}$. Benachbarte Seiten kommen dafür nicht in Frage.
Behauptung: Das Viereck ABCD ist ein symmetrisches Trapez.
Beweis: Die Gerade m ist Mittelsenkrechte der Strecken $\overline{AB}$ und $\overline{CD}$. Deshalb sind $\overline{AB}$ und $\overline{CD}$ senkrecht zu m. Dann sind sie aber auch zueinander parallel. C ist das Spiegelbild von D und B ist das Spiegelbild von A, weil m die beiden Strecken halbiert. Daraus folgt, dass die Strecke $\overline{BC}$ das Spiegelbild der Strecke $\overline{AD}$ in Bezug auf m ist. $\overline{AD}$ und $\overline{BC}$ sind also gleich lang. Damit ist das Viereck ABCD ein symmetrisches Trapez.

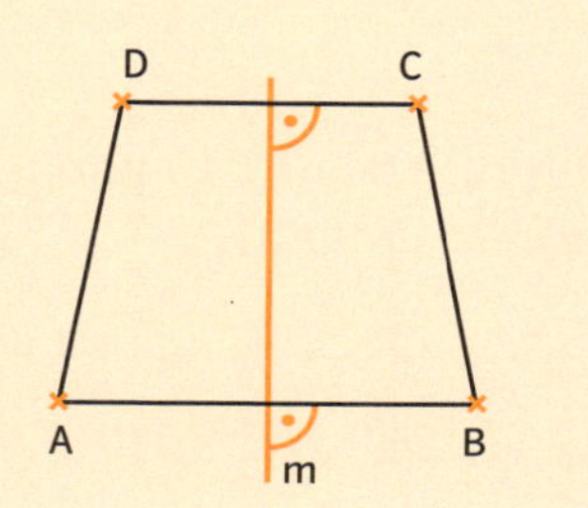

Wie findet man einen Beweis?
Um eine Aussage zu beweisen, geht man wie folgt vor:
1. Man bringt die Aussage in „Wenn-dann-Form".
Der Wenn-Teil einer Aussage heißt **Voraussetzung**.
Der Dann-Teil einer Aussage heißt **Behauptung**.
2. Man formuliert die Voraussetzungen und die Behauptungen für sich.
3. Man erstellt eine geeignete Skizze. Sollte eine Skizze bereits gegeben sein, so versucht man, sie gemäß der Aufgabe zu deuten.
4. Man nimmt an, dass der Wenn-Teil zutrifft.
5. Man zeigt, dass unter den Bedingungen von 4. der Dann-Teil ebenfalls zutreffen muss.
Vorsicht: Um 5. auszuführen, darf man nur die Voraussetzung der Aussage und bereits als wahr bekannte Aussagen verwenden.

Analyse des obigen Beweises
1. Dieser Schritt ist hier nicht notwendig, da die Aussage bereits die Wenn-dann-Form hat.
2. Die Voraussetzung und die Behauptung wurden einzeln aufgeführt.
3. Die Skizze ist bereits gegeben. Die orangefarbene Linie stellt die gemeinsame Mittelsenkrechte dar. Das Viereck ABCD sieht aus wie ein Trapez. Diese Beobachtung dürfen wir beim Beweisen jedoch nicht benutzen.
Diese zwei Schritte 4. und 5. führt man meistens zusammen aus, in unserem Fall also wie folgt:
Was will ich beweisen? Ich will beweisen, dass ABCD ein symmetrisches Trapez ist.
Wie zeige ich das? Ich muss die Definition des symmetrischen Trapezes einbeziehen.
Wie lautet die Definition? Ein symmetrisches Trapez ist ein Viereck, in dem zwei der gegenüber liegenden Seiten parallel und die anderen zwei gleich lang sind.
Was soll ich also beweisen? Dass $\overline{AB}$ und $\overline{CD}$ parallel zueinander und dass die Strecken $\overline{AD}$ und $\overline{BC}$ gleich lang sind.
Wie zeige ich das? Indem ich die Voraussetzung geschickt nutze.
Was sagt die Voraussetzung? Sie sagt, dass die Strecken $\overline{AB}$ und $\overline{CD}$ die Gerade m als Mittelsenkrechte haben.
Was folgt daraus? Um das zu klären, benutze ich die Definition der Mittelsenkrechte einer Strecke. Die Mittelsenkrechte einer Strecke halbiert diese Strecke und steht auf ihr senkrecht.
Was folgt daraus? Es folgt, dass m senkrecht auf $\overline{AB}$ und $\overline{CD}$ steht. Da also $\overline{AB}$ und $\overline{CD}$ auf der gleichen Gerade senkrecht stehen, müssen sie parallel zueinander sein, denn so ist Parallelität definiert.
Wie weit bin ich gekommen? Ich habe bereits bewiesen, dass $\overline{AB}$ und $\overline{CD}$ zueinander parallel verlaufen. Ich muss also nur noch zeigen, dass $\overline{AD}$ und $\overline{BC}$ gleich lang sind.
Wie zeige ich das? Die Mittelsenkrechte einer Strecke ist ihre Symmetrieachse. Mit anderen Worten ist B das Spiegelbild von A und C das Spiegelbild von D. Daraus folgt, dass $\overline{BC}$ das Spiegelbild von $\overline{AD}$ ist. Das bedeutet, dass $\overline{AD}$ und $\overline{BC}$ gleich lang sind.
Damit ist die Behauptung bewiesen.

1 a) Berechne den Term $(n + 1)^2 - n^2$ für die Zahlen 1; 2; 3; 4; 5; … Vergleiche die Ergebnisse. Welche Regelmäßigkeit fällt dir auf? Beschreibe.

b) Überprüfe deine Vermutung, indem du den gegebenen Term umformst.

2 a) Gib zu beiden Figuren einen passenden Term für den Flächeninhalt der gefärbten Flächen an.

b) Was legen die Zeichnungen nahe?

c) Zeige durch Umformung, dass beide Terme äquivalent sind.

3 Jana sagt: „Ich denke mir zwei natürliche Zahlen; ihre Summe ist 70, ihre Quadratzahlen unterscheiden sich um 144.

a) Wie viele Paare natürlicher Zahlen gibt es, deren Summe 70 ergibt? Erläutere.

b) Stelle die passende Frage zu Janas Aufgabe. Drücke dann die Aufgabe mithilfe von geeigneten Gleichungen aus.

c) Wenn man die Terme geschickt umformt, sieht man, dass Janas Aufgabe keine natürliche Zahl als Lösung haben kann. Beschreibe, wie man vorgeht.

4 Das Dreifache einer Zahl ist um 7 kleiner als das Fünffache dieser Zahl. Wie heißt die Zahl?

a) Versuche die Aufgabe durch systematisches Ausprobieren zu lösen. Fasse deine Versuche in einer Tabelle zusammen.

b) Welche Nachteile hat der obige Lösungsversuch?

c) Schreibe die Aufgabe als Gleichung um. Löse dann die Gleichung.

5 Eine Familie hat sieben Kinder. Jeder Sohn hat doppelt so viele Schwestern wie Brüder. Wie viele Jungen und wie viele Mädchen sind es? Begründe.

1 − x = 7 − 3 = 4
Bruder: 3
Mädchen: 4

6 In einem Dreieck mit den Winkeln α, β und γ ist β um 20° größer als α, der Winkel γ doppelt so groß wie β. Wie groß sind die Winkel des Dreiecks?

7 a) Jemand hat 300 Rupien und 6 Pferde. Ein anderer hat 10 Pferde vom gleichen Wert, aber eine Schuld von 100 Rupien. Beide haben dasselbe Gesamtvermögen. Was ist der Wert eines Pferdes? Gib den Rechenweg an.

Pferde = x
300 + 6x
10x − 100
300 + 6x = 10x − 100
400 + 6x = 10x
400 = 4x   x = 100

b) Wie viel ist ein Pferd wert, wenn der erste dreimal so reich ist wie der zweite?

300 + 6x = 3 · 10x − 100
300 + 6x = 30x − 300
600 + 6x = 30x
600 = 24x
x = ~~24~~ falsch
25

8 Beweise oder widerlege:
Die vier Mittelsenkrechten eines beliebigen Vierecks haben immer einen gemeinsamen Punkt.

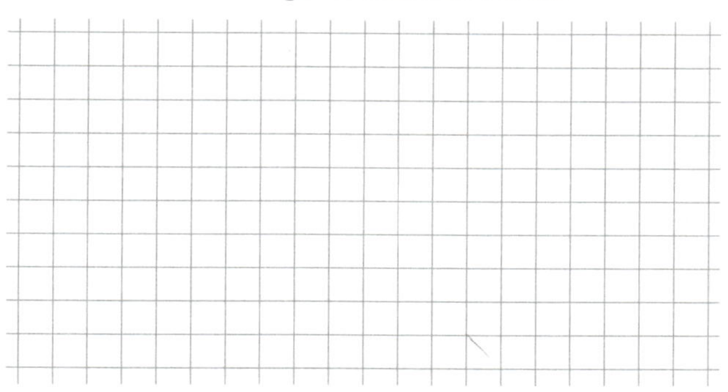

9 Gegeben sind zwei Gleichungssysteme

A $x + y = 10$ **B** $x + y = 10$
$x - y = 7$ $2x = 2y + 14$

a) Drücke die Gleichungen in Worten aus.

b) Löse die Gleichungssysteme. Was fällt dir auf?

c) Schreibe ein drittes Gleichungssystem auf, das die gleiche Eigenschaft hat.

d) Beschreibe eine Methode, die es leicht macht, ähnliche Gleichungssysteme zu erzeugen.

Es gibt Aufgaben, bei denen es im ersten Moment so scheint, als ob alles bereits Gelernte hier nicht passt. Solche Aufgaben kommen einem fremd und unzugänglich vor. Man weiß zunächst nicht, wie man beginnen soll. Keine der im Unterricht gelernten Methoden scheint geeignet zu sein. Was tun? Es gibt kein Patentrezept, das es erlauben würde, solche Aufgaben ohne Mühe zu lösen. In solchen Fällen sollte man sich Folgendes fragen:

- Habe ich die Aufgabe wirklich verstanden? Habe ich die Aufgabe wiederholt und gründlich gelesen?
- Was ist gegeben, wovon geht man bei dieser Aufgabe aus? Was wird gesucht?
- Bin ich in der Lage, die Aufgabe, ohne auf das Papier zu schauen, in eigene Worte zu fassen?
- Kann ich Teile der Aufgabe geschickt umformulieren und sie so vereinfachen?
- Kann ich die Informationen der Aufgabe übersichtlicher zusammenfassen (Tabelle, Skizze ...)?
- Erkenne ich Muster? Kann ich geeignete Zahlenmuster erzeugen?
- Fällt mir etwas ein, das ich ausprobieren könnte?
- Habe ich früher schon eine ähnliche Aufgabe gelöst? Wie habe ich die alte Aufgabe gelöst? Lässt sich die Lösung übertragen? Warum nicht?
- Kann ich die Aufgabe vereinfachen? Kann ich die vereinfachte Aufgabe lösen? Lässt sich die Lösung übertragen? Kann ich eine Teilaufgabe lösen?

Hat man eine Lösung gefunden, so sollte man sie sorgfältig aufschreiben, überprüfen und falls notwendig korrigieren. Manchmal muss man verschiedene Lösungswege suchen.
Wenn man Ruhe bewahrt und versucht, diese Strategie umzusetzen, hat man oft Erfolg. Die folgenden Beispiele verdeutlichen einige dieser Schritte.

Die Aufgabe gründlich lesen, Aufgabe geschickt umformulieren und so vereinfachen

Aufgabe
Welche Zahl muss man einsetzen, damit das Ergebnis stimmt?
$5 \cdot 2006 = 2006 + 2005 + 2004 + 2003 +$ ______
Löse die Aufgabe, ohne das Produkt auf der rechten oder die Summe auf der linken Seite tatsächlich zu berechnen.

Lösung

Wir müssen hier zwei Zahlen vergleichen. Was sind das für Zahlen? Ein Produkt und eine Summe. Leider darf man sie nicht ausrechnen. Was soll man tun? Da man sie nicht ausrechnen darf, könnte man versuchen, sie umzuformen. Ein solches Produkt ist eine wiederholte Addition. Man kann das Produkt
$5 \cdot 2006$ in eine Summe umwandeln:
$5 \cdot 2006 = 2006 + 2006 + 2006 + 2006 + 2006.$ Ist das hilfreich?
Möglicherweise, denn die rechte Seite ähnelt der gegebenen Summe.
Ist es vielleicht leichter, die folgenden Rechenausdrücke zu vergleichen:
$2006 + 2006 + 2006 + 2006 + 2006$ und
$2006 + 2005 + 2004 + 2003 +$ ______?
Ja, denn hier kann man erkennen, dass die fehlende Zahl
$1 + 2 + 3 + 2006 = 2012$ ist.

Zahlenmuster erzeugen

Aufgabe
Beim Igelbaum wachsen jedes Jahr aus jeder Spitze zwei neue Spitzen.
Wie viele Spitzen hat der Igelbaum nach 8 Jahren?

Lösung

Man könnte zunächst die Idee haben, die Zeichnung fortzuführen. Es ist vielleicht sogar hilfreich, die Gestalt des Baumes im 4. Jahr zu skizzieren.
Es wird aber schnell klar, dass man dies für die verbleibenden 4 Jahre wohl kaum zu Ende führen kann. Was tun? Wir müssen ja nicht zeichnen, sondern nur herausfinden, wie viele Spitzen der Baum nach 8 Jahren haben wird.
Deshalb können wir versuchen, eine geeignete Zahlenreihe zu erzeugen.

1. Jahr 1 Spitze
2. Jahr 2 Spitzen $= 1 \cdot 2$
3. Jahr 4 Spitzen $= 2 \cdot 2$
4. Jahr 8 Spitzen $= 4 \cdot 2$ usw.

Nun suchen wir nach einem Zahlenmuster. Wenn man genau hinschaut, erkennt man, dass die Anzahl der Spitzen sich jährlich verdoppelt. Mit dieser Regel kann man nun z. B. eine Tabelle erstellen.

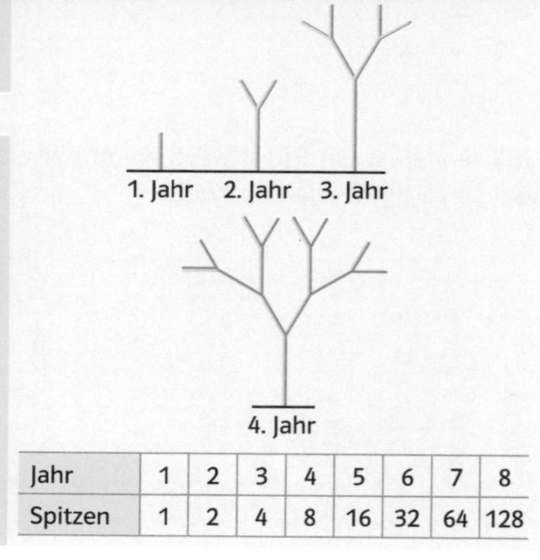

Jahr	1	2	3	4	5	6	7	8
Spitzen	1	2	4	8	16	32	64	128

Informationen in einer Tabelle zusammenfassen

Aufgabe

Ein Eichhörnchen ist im Herbst damit beschäftigt, Vorratsplätze mit Nüssen für den Winter anzulegen. Zum Sammeln ist das Eichhörnchen immer zehn Minuten unterwegs. Dann legt es alle Nüsse abwechselnd an eine Stelle unter dem Baum und an eine Stelle am Komposthaufen. Unter dem Baum verweilt es jedes Mal zwei Minuten, am Komposthaufen immer drei Minuten. Gerade hat das Eichhörnchen den Komposthaufen verlassen.
Was macht das Eichhörnchen in genau einer Stunde?

Lösung

Wir erstellen eine **Tabelle**, um uns einen Überblick zu verschaffen.

	Dauer	vergangene Zeit
sammeln	10 min	10 min
Baum	2 min	12 min
sammeln	10 min	22 min
Kompost	3 min	25 min
sammeln	10 min	35 min
Baum	2 min	37 min
sammeln	10 min	47 min
Kompost	3 min	50 min
sammeln	10 min	60 min

Da es zuletzt sein Versteck am Komposthaufen verlassen hat, wissen wir, dass das Eichhörnchen nach dem erneuten Sammeln als Erstes sein Versteck unter dem Baum besucht.
In 60 Minuten sammelt das Eichhörnchen viermal Nüsse. Es läuft jeweils zweimal zu seinem Baum und zum Komposthaufen.
Daher lautet die Antwort: In genau einer Stunde kommt das Eichhörnchen gerade zum Baum.

Teilaufgabe lösen. Ausprobieren

Aufgabe

Das Produkt zweier natürlicher Zahlen ist 72. Die Summe dieser Zahlen ist dann gewiss nicht folgende.
a) 73 b) 22 c) 27 d) 17 e) 24

Lösung

Wir suchen nach zwei natürlichen Zahlen mit dem Produkt 72. Wir können diese Frage vom Rest der Aufgabe trennen und getrennt lösen. Wir erzeugen so eine Teilaufgabe, die für uns leichter ist.
Welche natürlichen Zahlen haben das Produkt 72? Es ist nicht schwer, sie durch systematisches Ausprobieren herauszufinden: 1 und 72; 2 und 36; 3 und 24; 4 und 18; 6 und 12; 8 und 9. Das sind alle Möglichkeiten.
Diese Antwort hilft uns, die Aufgabe vollständig zu lösen. Die entsprechenden Summen sind $1 + 72 = 73$; $2 + 36 = 38$; $3 + 24 = 27$; $4 + 18 = 22$; $6 + 12 = 18$; $8 + 9 = 17$. Die einzige Summe, die nicht erreicht wird, ist e) 24.

Einen Term aufstellen und prüfen

Um ein rechteckiges Gemüsebeet der Länge a und der Breite b soll ein Plattenweg der Breite x gelegt werden. Drücke den Flächeninhalt des Weges
a) durch eine Differenz aus.
b) durch eine Summe aus.
Überprüfe, ob beide Terme äquivalent sind.

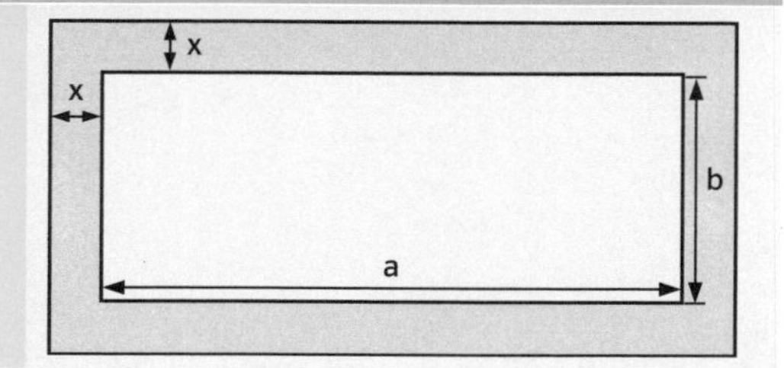

Lösung

Bei dieser Aufgabe muss man nach geeigneten Termen suchen, die es möglich machen, den Flächeninhalt zu bestimmen. Die Terme sind mathematische Modelle für den gesuchten Flächeninhalt.
a) **Modell I**, erster Term: $(a + 2x)(b + 2x) - ab$
b) **Modell II**, zweiter Term: $2bx + 2x(a + 2x)$
Um zu prüfen, ob die Terme äquivalent sind, formt man sie um.
$(a + 2x)(b + 2x) - ab = ab + 2ax + 2bx + 4x^2 - ab = 2ax + 2bx + 4x^2$
$2bx + 2x(a + 2x) = 2bx + 2ax + 4x^2$
Die Terme sind äquivalent.

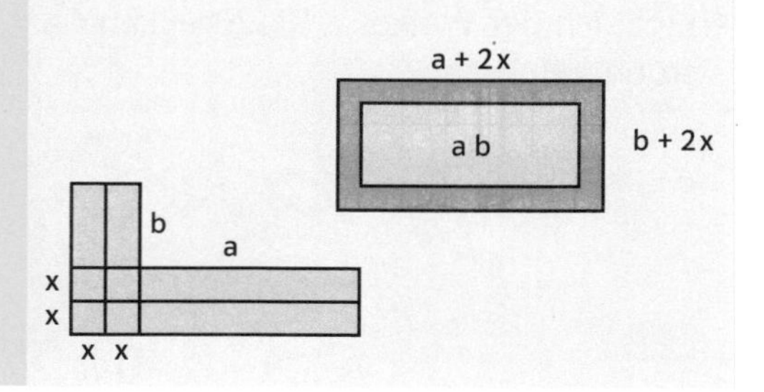

1 Fließt der Jordan vom Toten Meer zum See Genezareth oder umgekehrt? Begründe.

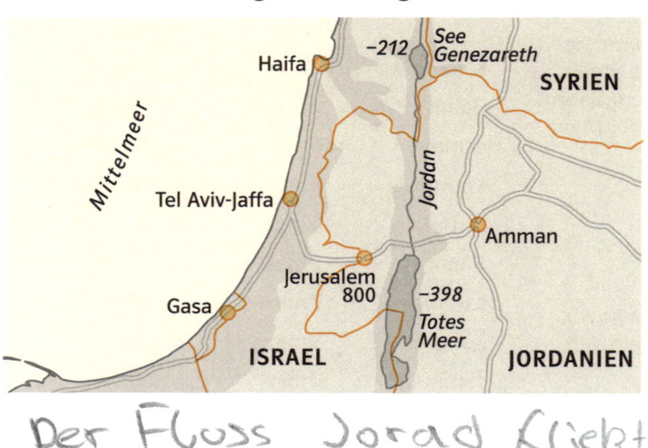

Der Fluss Jorad fließt vom Totem Meer zum See da das Meer tiefer Liegt als der See.

2 Die Tabelle zeigt die Verkaufszahlen von zwei Lebensmitteln im Vergleich.

	1. Jahr	2. Jahr
Lebensmittel A	50 700	101 400
Lebensmittel B	420 000	504 000

Welche Aussage stimmt? Begründe.

A Der Verkauf von Lebensmittel A steigerte sich innerhalb eines Jahres um 100 %, der Verkauf von B nur um 20 %.

B Der Verkaufszuwachs von Lebensmittel B ist fast doppelt so groß wie der von Lebensmittel A.

3 Um die Länge $\overline{AB}$ des Sees zu bestimmen, werden die Punkte A und B von C aus angepeilt. Damit ergibt sich der Winkel γ. Die Strecken $\overline{CA}$ und $\overline{CB}$ werden gemessen.

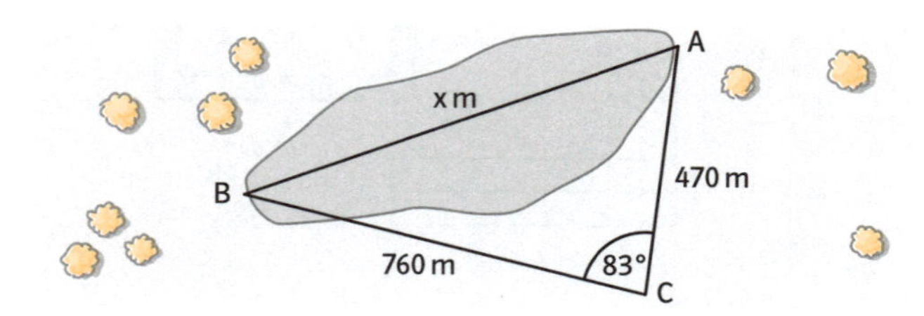

Konstruiere das Dreieck ABC im Maßstab 1 : 10 000 und bestimme die Länge des Sees.

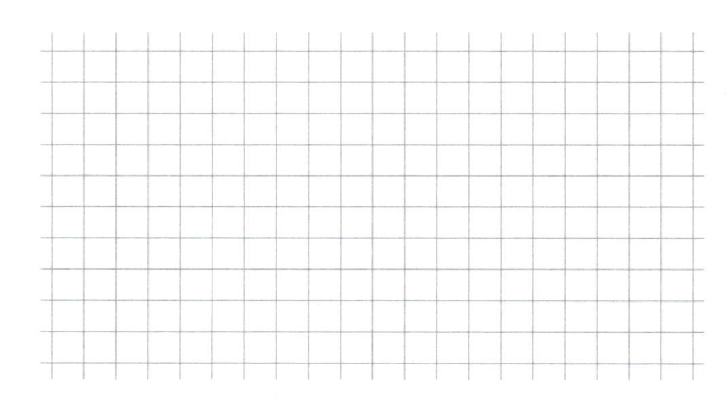

4 Zu jeder Bergetappe eines Radrennens gehört das Höhenprofil. Den Profis geht es wie euch: Bergauf brauchen sie für eine Strecke deutlich länger als für dieselbe Strecke abwärts.

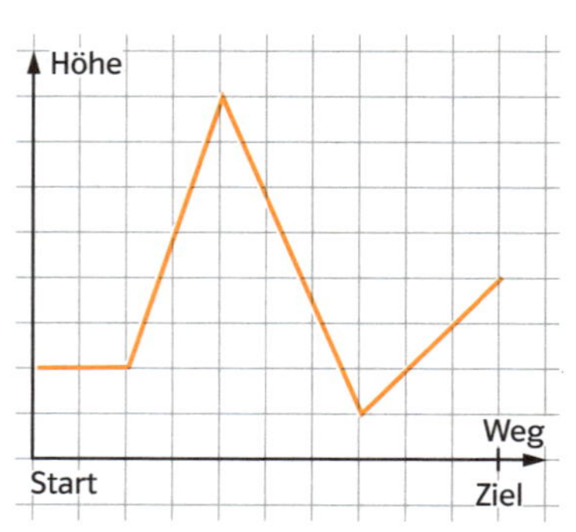

a) Beschreibe das Höhenprofil.

b) Skizziere ein Schaubild für die Zuordnung *Zeit* ↦ *Geschwindigkeit*.

c) Skizziere die Zuordnung *Zeit* ↦ *Weg*.

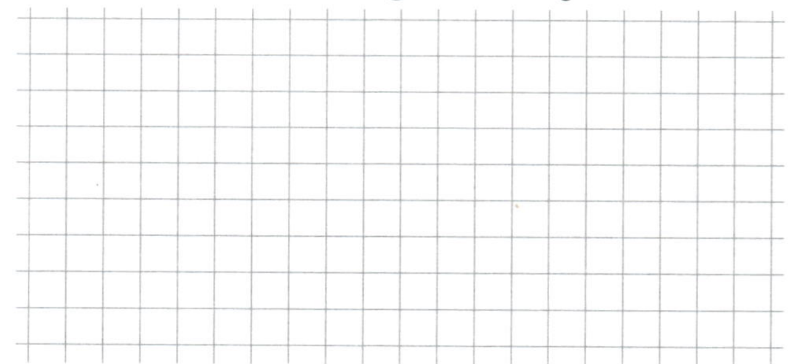

5 Elif fährt Rolltreppe im Kaufhaus. Die Funktionsvorschrift für die Funktion Fahrzeit x (in s) ↦ Höhe y (in m) lautet $y = -0{,}5x + 5{,}5$.

a) Zeichne den Graphen der Funktion auf ein Extrablatt.

b) Wie viele Meter hoch ist Elif nach 8 s? Benutze den Graphen. Erläutere.

c) Nach welcher Zeit ist Elif 3,5 m hoch? Benutze den Graphen. Erläutere.

d) Benutze die Funktionsvorschrift, um herauszufinden, welche Höhe Elif in 40 s erreichen würde.

e) Jemand behauptet, dass das Ergebnis von d) nicht sinnvoll ist. Erläutere.

6 Jan möchte herausfinden, wie wahrscheinlich es ist, beim dreimaligen Münzwurf nur Wappen oder nur Zahl zu werfen. Um das zu bestimmen, beginnt er ein Baumdiagramm zu zeichnen:

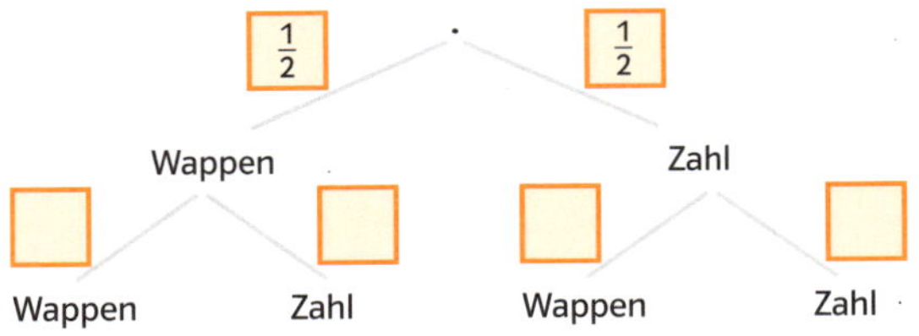

$\frac{1}{2}$ Wappen — $\frac{1}{2}$ Zahl

Wappen → Wappen, Zahl

Zahl → Wappen, Zahl

a) Jans Zeichnung ist unvollständig. Führe sie zu Ende, indem du das obige Diagramm ergänzt.
b) Berechne dann die von Jan gesuchte Wahrscheinlichkeit.

7 In Berlin gab es zwischen 1870 und 1875 die meisten Typhus-Erkrankungen. Man verbesserte daraufhin die Abwasserentsorgung.

Rückgang der Typhus-Erkrankungen durch den Ausbau der öffentlichen Abwasserentsorgung in Berlin

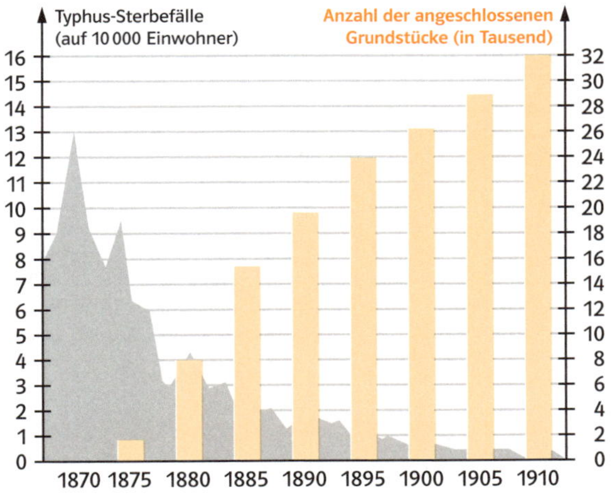

Typhus-Sterbefälle (auf 10 000 Einwohner): 0, 1, 2, 3, 4, 5, 6, 7, 8, 9, 10, 11, 12, 13, 14, 15, 16

Anzahl der angeschlossenen Grundstücke (in Tausend): 0, 2, 4, 6, 8, 10, 12, 14, 16, 18, 20, 22, 24, 26, 28, 30, 32

1870 1875 1880 1885 1890 1895 1900 1905 1910

a) Um wie viel Prozent nahm ungefähr von 1875 bis 1880 die Abwasserentsorgung zu und die Anzahl der Typhuserkrankungen ab?

b) Welche Zuordnungen werden dargestellt? Worin unterscheiden sich die zwei abgebildeten Graphen? Beschreibe mindestens drei Unterschiede.

Modelle sind Vereinfachungen von Realsituationen. Weit verbreitete Modelle, die auch in der Mathematik benutzt werden, sind Stadtpläne und Landkarten. Tabellen, Schaubilder, Diagramme, Terme, Gleichungen, Ungleichungen und Funktionen sind weitere häufig benutzte mathematische Modelle. Das Ziel von Modellen ist es, komplizierte, schwer überschaubare Situationen und Zusammenhänge vereinfacht darzustellen. Indem man dann mit dem Modell arbeitet, versteht man die Situationen und Zusammenhänge besser. Manchmal ist es auch hilfreich, ein gegebenes Modell in ein anderes zu übersetzen. Beispielsweise kann es nützlich sein, die Daten eines Häufigkeitsdiagramms in ein Säulendiagramm einzutragen oder umgekehrt.

Modellieren: ein einfaches Beispiel

Berechne XIV + XIX.

Lösung

Man könnte diese Aufgabe direkt lösen. Es ist jedoch leichter, die römischen Zahlen in arabische Zahlen zu übersetzen und diese zu addieren. Die arabische Schreibweise ist das Modell. Wir erhalten $14 + 19 = 33$. Wir können nun das Ergebnis wieder in die römische Schreibweise übersetzen und erhalten somit XIV + XIX = XXXIII.

Einige Übersetzungsregeln:
I = 1;
V = 5;
X = 10;
Setzt man I vor V oder vor X, so verringert sich der Wert des Symbols um 1. Beispielsweise bedeutet IV die Zahl 4.

Einen Term aufstellen und überprüfen

In einem Drachen ist der Winkel β um 35° größer als α. Der Winkel γ ist doppelt so groß wie α. Wie groß sind die Winkel α, β, γ und δ?

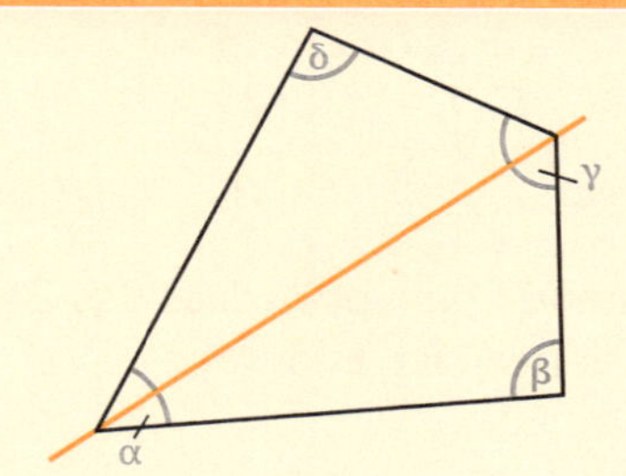

Lösung

Man drückt die gegebenen Beziehungen zwischen den Winkeln mithilfe von Gleichungen aus.

Der Winkel β ist um 35° größer als α: $\beta = \alpha + 35°$.
Der Winkel γ ist doppelt so groß wie α: $\gamma = 2\alpha$.
Zudem besitzt der gegebene Drachen eine Symmetrieachse. Man weiß also, dass $\beta = \delta$.
Die Summe der Innenwinkel eines Vierecks ist bekanntlich 360°. Das kann man ebenfalls als Gleichung ausdrücken: $\alpha + \beta + \gamma + \delta = 360°$.

Man kann nun mithilfe der ersten drei Bedingungen die letzte vereinfachen und erhält: $\alpha + (\alpha + 35°) + 2\alpha + (\alpha + 35°) = 360°$ oder einfacher $5\alpha + 70° = 360°$. Lösen dieser Gleichung ergibt:

$5\alpha + 70° = 360° \quad | -70°$
$5\alpha = 290° \quad | :5$
$\alpha = \frac{290}{5} = 58°$.
$\beta = 58° + 35° = 93°$.
$\gamma = 2 \cdot 58° = 116°$.
$\delta = \beta$.
Macht man die Probe, so erhält man $58° + 93° + 116° + 93° = 360°$.

Mathematische Zusammenhänge an Modellen überprüfen

Anna fragt sich, ob die Formel $a(b + c + d) = ab + ac + ad$ gültig ist oder nicht. Sie möchte die Formel mithilfe eines geometrischen Modells überprüfen. Kannst du ihr helfen?

Lösung

Man kann versuchen, die Terme als Flächen von Rechtecken darzustellen.

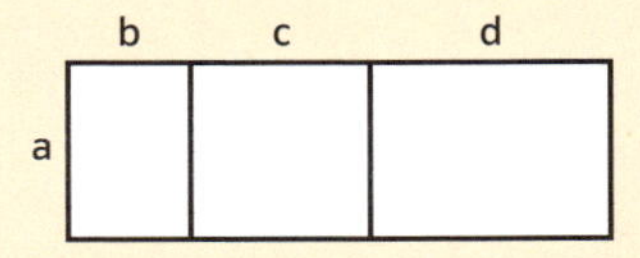

Der Flächeninhalt der gesamten Fläche lässt sich einerseits so ausdrücken: $a(b + c + d)$. Die Gesamtfläche besteht andererseits aus drei kleinen Rechtecken mit den Flächeninhalten ab, ac und ad. Der Flächeninhalt der gesamten Fläche lässt sich also auch so ausdrücken: $ab + ac + ad$. Die Terme $a(b + c + d)$ und $ab + ac + ad$ müssen daher den gleichen Wert haben.

Informationen aus einem Modell entnehmen und interpretieren

Die drei Graphen gehören zu drei Zuordnungen *Zeit* ↦ *Weg*.

a) Welche Zuordnungen sind proportional? Begründe.
b) Welche der dargestellten Bewegungen sind gleichförmig? Begründe.
c) Welcher Weg wird jeweils in 1h zurückgelegt? Begründe.

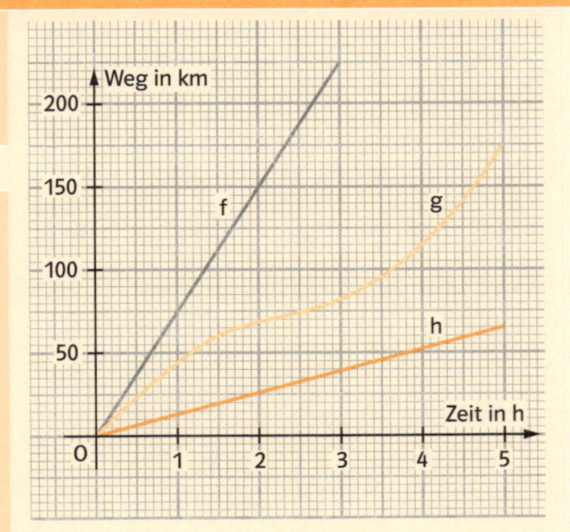

Lösung

In dieser Aufgabe werden drei verschiedene Bewegungen durch Funktionen modelliert. Bekannt sind jedoch weder die Bewegungen noch die Funktionen, sondern nur die Graphen der Funktionen. Die drei Graphen werden also als Modelle für die Funktionen und zugleich für die Bewegungen benutzt. Man muss die relevanten Informationen aus den gegebenen Modellen ablesen und passend deuten.

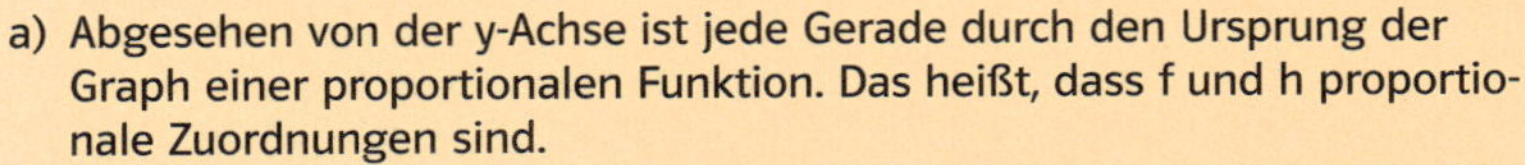

a) Abgesehen von der y-Achse ist jede Gerade durch den Ursprung der Graph einer proportionalen Funktion. Das heißt, dass f und h proportionale Zuordnungen sind.
b) Bei einer gleichförmigen Bewegung darf sich die Geschwindigkeit nicht ändern. Mit anderen Worten muss sich dabei der Weg proportional zur Zeit verändern. Das gilt für f und h.
c) Bei der ersten Bewegung werden in einer Stunde 75 km zurückgelegt. Bei der letzten sind es 15 km in der Stunde. Bei der zweiten Bewegung lässt sich die Frage nicht eindeutig beantworten. Während der ersten Stunde werden in diesem Fall ungefähr 50 km zurückgelegt. Während der zweiten Stunde werden ungefähr 20 km zurückgelegt.

1 Setze Klammern so, dass das Ergebnis stimmt.

a) $-28 - 21:7 = -7$

b) $3 \cdot 5 + 9 \cdot (-2) = -48$

c) $(-2) \cdot 14 - 4 \cdot 5 = -100$

2 a) Fülle die Tabelle aus.

x	y	$x^2 - 2xy + y^2$	$(x - y)^2$	$(x + y)^2$
2	3			
3	2			
−3	−2			
0,5	−0,5			
−1,5	−0,5			

b) Was fällt dir auf? Ist das überraschend? Erkläre.

3 Eine Privatbank wirbt mit dieser Anzeige:

ngen
orbe-
nnen
r, aus-
schen

Billiges Geld für 1 Monat!
Leihen Sie sich 5000 €
und zahlen Sie nach
1 Monat 5100 € zurück.

um d
Inforn
legen
Ange
gewus

a) Wie viel Prozent Zinsen fallen bei diesem Angebot in einem Monat an?

b) Berechne die Jahreszinsen und bestimme den dazugehörigen Zinssatz.

c) Banken müssen bei Krediten immer den Jahreszinssatz angeben. Warum wohl?

4 Berechne und vereinfache.

a) $3x \cdot 4y + 2x \cdot (5 - y)$

b) $4(3a - 7b) - 7(4b - 3a) + 3(7a - 4b)$

c) $72xy - 2(4y - (7y - 6x))(-12x)$

5 Jo behauptet: Wenn ich die Zahl der 10-Cent-Stücke, die ich bei mir habe, verdopple und drei Münzen hinzufüge, habe ich 15 Geldstücke.

a) Notiere einen Term, der zu Jos Geschichte passt.

b) Benutze diesen Term, um herauszufinden, wie viele Münzen Jo hat.

6 Ein Rechteck ist 4 cm länger als breit. Der Umfang des Rechtecks beträgt 21 cm.

a) Skizziere das Rechteck und beschrifte die Seiten.

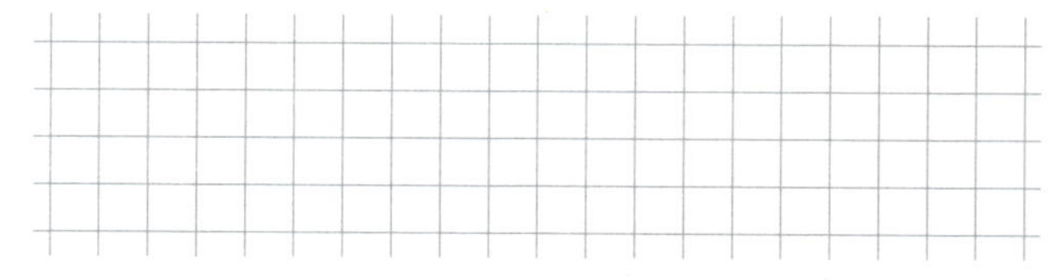

b) Schreibe einen Term auf, der den Umfang dieses Rechtecks ausdrückt.

c) Berechne die Länge und die Breite des Rechtecks.

7 Von drei Brüdern ist der jüngste drei Jahre jünger als der mittlere und der älteste fünf Jahre älter als der mittlere. Zusammen sind sie 32 Jahre alt. Wie alt sind die drei Brüder? Begründe.

8 Gib vier Terme an, die den Flächeninhalt der Figur ausdrücken.

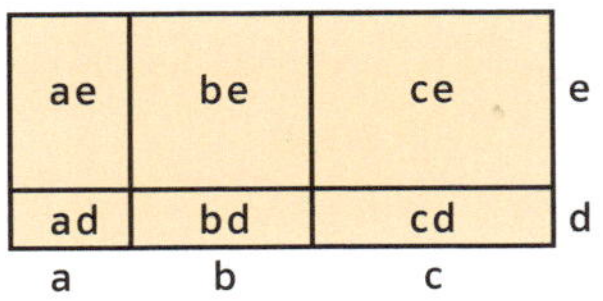

ae	be	ce	e
ad	bd	cd	d
a	b	c	

9 a) Gib drei Bruchzahlen an, die zwischen $\frac{3}{4}$ und $\frac{4}{5}$ liegen. Begründe.

b) Zwischen $\frac{3}{4}$ und $\frac{4}{5}$ liegen viele Bruchzahlen. Beschreibe einen Weg, um beliebig viele von ihnen zu finden. Denke an das „Verfeinern" von Brüchen.

10 Von der natürlichen Zahl 130 260 390 wird die Zahl 13 subtrahiert. Vom Ergebnis wird wieder 13 subtrahiert usw. Wie oft muss man subtrahieren, bis das Ergebnis erstmals kleiner als null ist? Löse die Aufgabe, ohne tatsächlich zu subtrahieren.

11 Was ist hier faul? Erläutere.

a)

Fuhr vor einigen Jahren noch jeder zehnte Autofahrer zu schnell, so ist es mittlerweile heute nur noch jeder fünfte. Doch auch fünf Prozent sind zu viele, und so wird weiterhin kontrolliert, und die Schnellfahrer haben zu zahlen.

Süddeutsche Zeitung, zitiert nach „Der Spiegel", Nr. 49/1995

b)

Nach Mitteilung des Statistischen Bundesamtes ist die Zahl der Abiturienten, die die Absicht haben, zu studieren, in diesem Sommer erstmals wieder gestiegen. Von denen, die studieren wollen, sind 69 Prozent männlich und nur 52,4 Prozent weiblichen Geschlechts, verlautete aus Wiesbaden.

Badische Neueste Nachrichten 1987

12 Eine Tanne wächst in den ersten 20 Jahren etwa 12 cm jährlich, eine Eiche etwa 45 cm jährlich. Es werden eine 60 cm große Eiche und eine 2,25 m hohe Tanne gepflanzt. Nach wie vielen Jahren sind beide Bäume gleich hoch? Begründe.

1 Welche Zahlen sind falsch eingetragen? Korrigiere.

a)

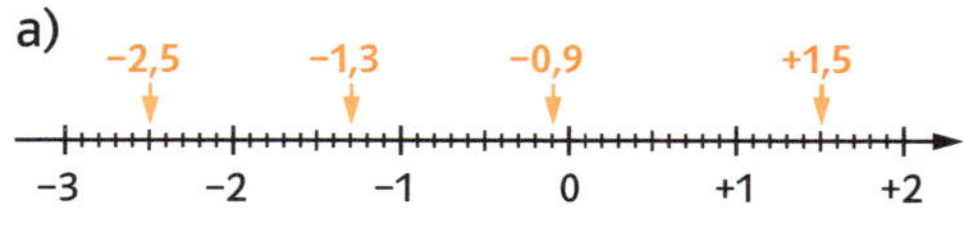

b)

−4,77 −4,76 −4,65 −4,69

−4,8 −4,7 −4,6

2 Welche Zahlen sind gekennzeichnet? Beschrifte.

a)

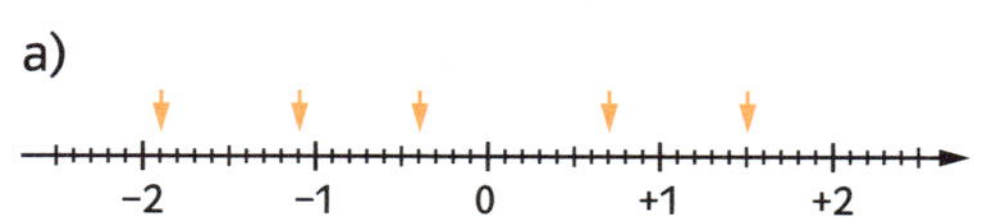

b)

3 Berechne.

a) $21{,}9 + (-13{,}7 - (-15{,}1 + 10{,}6)) - 8{,}7$

b) $-7{,}8 - (-44{,}4 - (-11{,}9 - 8{,}7)) - 18$

4 Fülle aus.

Zahl x	$\frac{1}{4}$	$-\frac{2}{3}$				-3	
Gegenzahl von x			$-\frac{4}{5}$		$\frac{3}{5}$		
Kehrbruch von x				$\frac{8}{7}$			-1

5 Rechne aus.

a) $(12 - 40) \cdot (-4) + (6(-15 + 13))$

b) $(-130) : ((183 - 13 \cdot 12) - 37) - 16$

6 Schreibe als Produkt.

a) $a(x - 3) + (x - 3)b$

b) $ax - bx + ay - by$

c) $y^2 + yz + zy + z^2$

d) $16x^2 - 25y^2$

7 Bestimme die fehlende Größe und fülle aus:

Grundwert	50	1250	
Prozentsatz	25 %		55 %
Prozentwert		125	125

8 Herr Pauli möchte monatlich 1500 € Zinsen haben. Wie viel Geld müsste er bei einem Zinssatz von $7\frac{3}{4}$% anlegen? Begründe.

9 Ein Paar Schuhe zum Preis von 120 € wird zweimal hintereinander um jeweils 25 % ermäßigt. Wie teuer sind danach die Schuhe?

10 Fasse so weit wie möglich zusammen.

a) $\frac{1}{2}a + \frac{3}{4}b - \frac{1}{6}a + \frac{3}{8}b$

b) $11ab - 4gh - 20ab + 5gh$

c) $36cd - 54cdx$

11 a) Stelle für den Umfang einen Term auf.

A

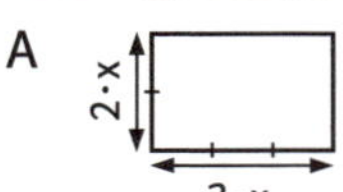

B

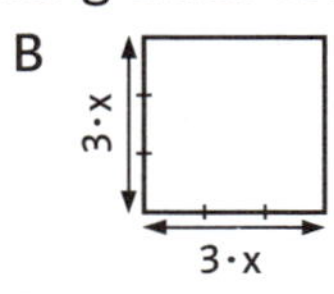

C

D

b) Berechne den Umfang der Flächen für $x = 4\,cm$.

12 Richtig oder falsch? Begründe.

a) $x + x + x = x + 2x$

b) $3a - 2a + a = 2a$

c) $a + b + 2a + 2b = 3a + 3b$

d) $3 + a = 3a$

e) $y + y = y^2$

13 Löse die Gleichungen.

a) $3y + 6 = 8$

b) $14{,}8 = 16x + 27{,}6$

c) $\frac{2}{5}x - \frac{1}{10} = \frac{7}{10}$

14 Gudrun wird in 7 Jahren $1\frac{1}{2}$-mal so alt sein wie heute. Wie alt ist Gudrun jetzt?

15 a) Schreibe die dazugehörige Gleichung.

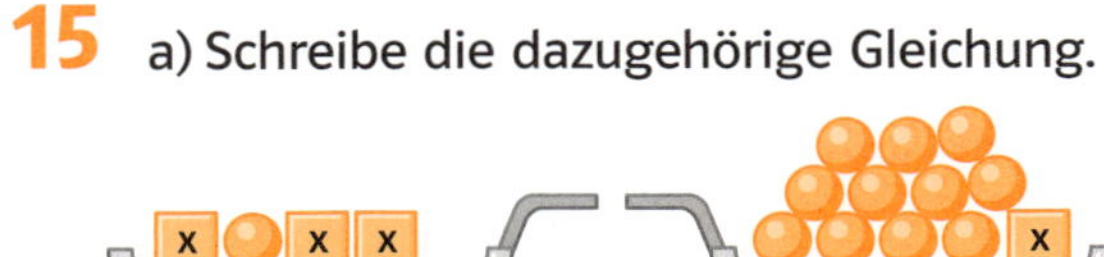

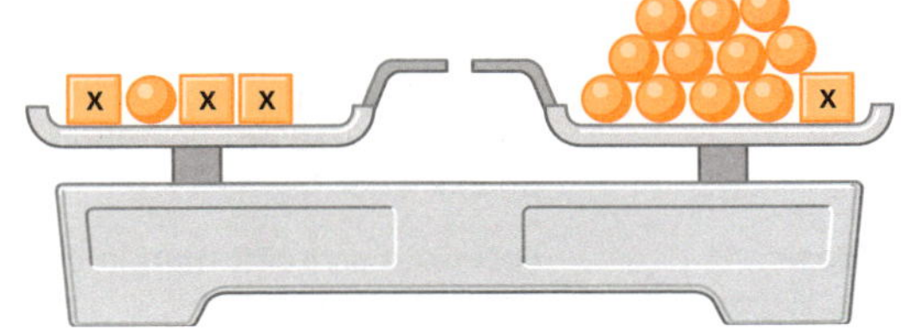

b) Löse die Gleichung durch Äquivalenzumformungen.

c) Welche Handlungen an der Waage entsprechen den bei b) benutzten Umformungen? Formuliere genau.

Zahlen, Terme und Rechenoperationen		
natürliche Zahlen	Die Zahlen 0; 1; 2; 3; 4; … heißen **natürliche Zahlen.** Sie lassen sich auf dem Zahlenstrahl darstellen.	0 1 2 3
ganze Zahlen	Die Zahlen … −3; −2; −1; 0; 1; 2; 3; … heißen **ganze Zahlen.** Zu jeder ganzen Zahl gibt es eine **Gegenzahl.** 3 ist die Gegenzahl von −3 und −3 ist die Gegenzahl von 3.	−3 0 3
rationale Zahlen	Eine **rationale Zahl** drückt das Größenverhältnis zweier ganzer Zahlen aus. Jede rationale Zahl lässt sich als Bruch, als abbrechende oder als periodische Dezimalzahl schreiben.	Abbrechende Dezimalzahlen: $\frac{3}{4} = 0{,}75$ Periodische Dezimalzahlen: $\frac{2}{3} = 0{,}6666\ldots = 0{,}\overline{6}$
reelle Zahlen	Fügt man zu den rationalen noch die **irrationalen Zahlen** hinzu, so erhält man die **reellen Zahlen.** Irrationale Zahlen drücken nicht das Verhältnis von ganzen Zahlen aus. Sie lassen sich nicht als abbrechende oder periodische Dezimalzahlen schreiben. Man erhält sie beispielsweise als Lösungen von quadratischen Gleichungen: Die Gleichung $x^2 = 2$ hat die irrationalen Zahlen $-\sqrt{2}$ und $\sqrt{2}$ als Lösungen.	Irrationale, nichtabbrechende, nichtperiodische Dezimalzahlen sind z. B. $\pi = 3{,}141\,592\,654\ldots$ oder $-\sqrt{2} = -1{,}414\,213\ldots$
Rechenausdrücke (Terme)	Ausdrücke, die aus mehreren Zahlen, Operationszeichen, Klammern und möglicherweise Buchstaben (**Variablen**) bestehen, heißen **Rechenausdrücke** oder **Terme.**	$12 \cdot 5$ $1 + 2x$ $1 + 2 - 3$
Potenz, Basis, Exponent, Wurzeln	**Potenzen** schreibt man in der Form Potenz = Basis^{Exponent} Der **Exponent** (Hochzahl) zeigt, wie oft die **Basis** mit sich selbst multipliziert werden muss. $a^n = \underbrace{a \cdot a \cdot \ldots \cdot a}_{n \text{ Faktoren}}$ n ist eine natürliche Zahl; a eine reelle Zahl. Beim Rechnen mit Potenzen muss man bestimmte Regeln beachten.	$2^6 = 2 \cdot 2 \cdot 2 \cdot 2 \cdot 2 \cdot 2 = 64$ Die Basis ist 2, der Exponent ist 6. $a^2 \cdot a^3 = a^{2+3} = a^5$ $2^5 : 2^3 = 2^{5-3} = 2^2 = 4$ $(3^2)^3 = 3^{2 \cdot 3} = 3^6 = 729$ $2^4 \cdot 3^4 = (2 \cdot 3)^4 = 6^4 = 1296$
quadratische Wurzeln	Die **quadratische Wurzel** einer positiven Zahl a ist eine positive Zahl, die mit sich selbst multipliziert a ergibt. Man bezeichnet sie mit $\sqrt{a}$.	$\sqrt{a^2} = a,\ a \geqq 0,\ (\sqrt{a})^2 = a,\ a \geqq 0$ $\sqrt{ab} = \sqrt{a}\sqrt{b},\ a, b \geqq 0$ $\sqrt{\frac{a}{b}} = \frac{\sqrt{a}}{\sqrt{b}},\ a \geqq 0,\ b > 0$

Rechengesetze			
Klammern zuerst, Potenz vor Punkt, Punkt vor Strich	In Termen müssen Klammern zuerst berechnet werden. Die innere muss vor der äußeren Klammer berechnet werden. Es folgen Potenzen und Wurzeln, anschließend die Punktrechenarten und zuletzt die Strichrechenarten.	$(64 - (130 - 36)) - 5 \cdot 2^3$ $= (64 - 94) - 5 \cdot 2^3$ $= -30 - 5 \cdot 2^3$ $= -30 - 5 \cdot 8$ $= -30 - 40$ $= -70$	
Kommutativgesetz (Vertauschungsgesetz)	Beim Addieren und Multiplizieren können die Summanden und Faktoren vertauscht werden. Das Ergebnis verändert sich dadurch nicht.	$1{,}5 + 0{,}5 = 0{,}5 + 1{,}5$ $1{,}5 \cdot 2 = 2 \cdot 1{,}5$	$a + b = b + a$ $ab = ba$
Assoziativgesetz (Verbindungsgesetz)	In Summen und Produkten dürfen Klammern beliebig gesetzt werden. Das Ergebnis ändert sich dadurch nicht.	$(1 + 2) + 3 = 1 + (2 + 3)$ $(a + b) + c = a + (b + c)$ $(2 \cdot 3) \cdot 4 = 2 \cdot (3 \cdot 4)$	$(ab)c = a(bc)$
Distributivgesetz (Verteilungsgesetz)	Das Distributivgesetz erlaubt es, Produkte in Summen oder Differenzen umzuwandeln. Es erlaubt auch, Klammern zu beseitigen. Das Vielfache der Summe (Differenz) ist die Summe (Differenz) der Vielfachen.	$3(4 + 6) = 3 \cdot 4 + 3 \cdot 6$ $3(4 - 6) = 3 \cdot 4 - 3 \cdot 6$	$a(b + c) = ab + ac$ $a(b - c) = ab - ac$

Ausklammern	Das Ausklammern erlaubt es, Summen und Differenzen in Produkte umzuwandeln. Es erlaubt, Klammern einzufügen. Nur gemeinsame Faktoren können ausgeklammert werden.	$3 \cdot 4 + 3 \cdot 6 = 3(4 + 6)$ $ab + ac = a(b + c)$ $3 \cdot 4 - 3 \cdot 6 = 3(4 - 6)$ $ab - ac = a(b - c)$
binomische Formeln	1. binomische Formel 2. binomische Formel 3. binomische Formel	$(a + b)^2 = a^2 + 2ab + b^2$ $(a - b)^2 = a^2 - 2ab + b^2$ $(a - b)(a + b) = a^2 - b^2$

Prozent- und Zinsrechnung		
Prozentzahlen	Brüche mit dem Nenner 100 werden als **Prozent** (wortwörtlich „durch hundert“) bezeichnet. p % bedeutet „p durch 100“, das heißt $\frac{p}{100}$. Prozentzahlen sind rationale Zahlen.	$\frac{1}{100} = 0{,}01 = 1\,\% = 1$ Prozent $\frac{25}{100} = 0{,}25 = 25\,\% = 25$ Prozent $\frac{2}{5} = \frac{40}{100} = 0{,}4 = 40\,\% = 40$ Prozent $\frac{1}{3} = \frac{33}{99} \approx 0{,}33 = 33\,\% = 33$ Prozent
Prozentformel	In der Prozentrechnung bezeichnet man das Ganze als den **Grundwert G.** Den Anteil, mit dem man sich beschäftigt, nennt man **Prozentwert W** und der daraus entstehende Bruchteil heißt **Prozentsatz p.** Bei jeweils zwei gegebenen Größen lässt sich die dritte Größe berechnen.	Prozentwert = Grundwert · Prozentsatz $W = G \cdot p\,\% = G \cdot \frac{p}{100}$; $G = \frac{W}{p \cdot 100}$ $p = \frac{W}{G \cdot 100}$.
Zinsen; Zinssatz; Kapital	Wenn man ein **Kapital K** für ein Jahr zu einem **Zinssatz** von **p %** anlegt, erhält man für dieses nach Ablauf des Jahres p % von K als **Jahreszins Z:** $\mathbf{Z = K \cdot p\,\%}$. Wenn man das Guthaben nur für t Tage zu einem Jahreszinssatz von p% anlegt, erhält man $\frac{t}{360}$ der Jahreszinsen: $\mathbf{Z_t = K \cdot p\,\% \cdot \frac{t}{360}}$.	Ein Kapital von 2000 € wird zu einem Zinssatz von 3,25 % angelegt. $Z = 2000\,€ \cdot 0{,}0325 = 65\,€$. Das Geld wird nach 40 Tagen abgehoben: $Z = 2000\,€ \cdot 0{,}0325 \cdot \frac{40}{360} = 7{,}22\,€$.

Gleichungen und Ungleichungen		
Gleichungen	Gleichungen können eine oder mehrere Variablen enthalten, für die man beliebige Zahlen einsetzen kann. Setzt man Zahlen für die Variablen ein und ist die Gleichung erfüllt, so spricht man von einer **Lösung der Gleichung**. Eine Gleichung kann mehrere, eine einzige oder keine Lösung haben.	$2x = y + 1$ ist eine Gleichung mit zwei Unbekannten. Sie fordert, dass die Terme $2x$ und $y + 1$ den gleichen Wert haben sollen. Das Zahlenpaar $x = 3, y = 2$ ist keine Lösung der obigen Gleichung, denn $2 \cdot 3 \neq 2 + 1$. Die Zahlenpaare $x = 3, y = 5$ und $x = -1, y = -3$ sind Lösungen der obigen Gleichung.
Äquivalenzumformungen von Gleichungen	Man kann Gleichungen durch **Äquivalenzumformungen** lösen. Dabei versucht man, die Unbekannten zu isolieren. Erlaubt sind – beidseitige Addition oder Subtraktion einer Zahl oder eines Terms, – beidseitige Multiplikation oder Division mit einer Zahl ungleich null.	$8x + 4 = 6 + 2x \quad \mid -2x$ $6x + 4 = 6 \quad \mid -4$ $6x = 2 \quad \mid :6$ $x = \frac{2}{6} = \frac{1}{3}$ Enthält eine Gleichung Bruchterme, so macht man die Bruchterme zunächst gleichnamig, um die Nenner zu eliminieren.

1 Haben die beiden Figuren gleiche Flächeninhalte? Begründe.

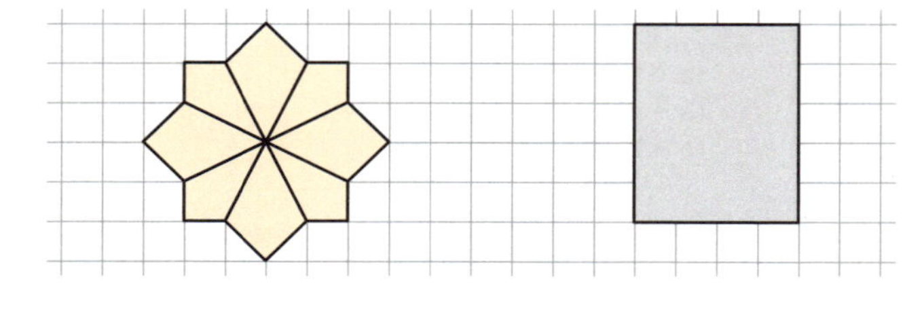

2 a) Zeichne die Punkte A(1|1) und B(5|1).

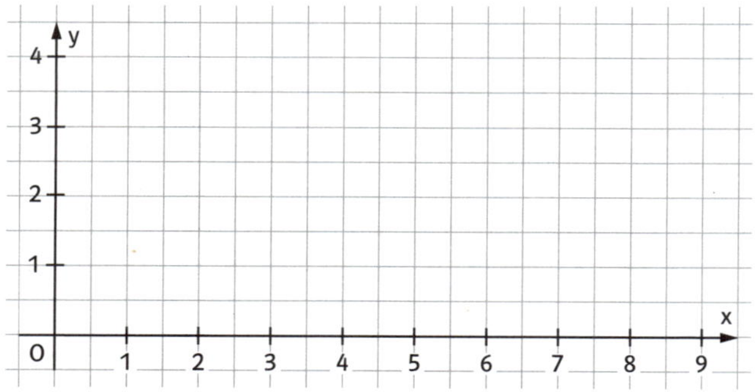

b) Füge einen Punkt C hinzu, sodass das Dreieck ABC den Flächeninhalt von 20 Kästchen hat. Bestimme die Koordinaten von C.

c) Bestimme, ohne zu zeichnen, einen anderen Punkt D, sodass das Dreieck ABD einen Flächeninhalt von 20 Kästchen hat. Erläutere deine Überlegungen.

3 Wie groß ist bei den Quadraten mit der Seitenlänge a + b der Inhalt der nicht gefärbten Fläche?

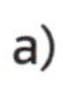
a)

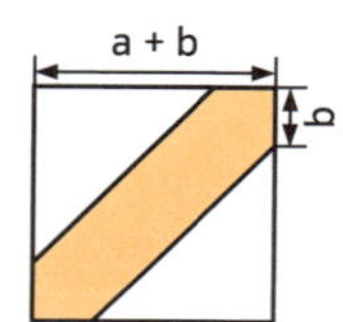

b)

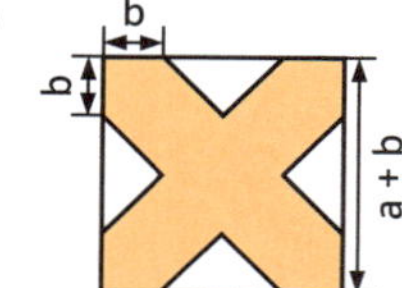

4 Wie viel Prozent der gesamten Grundfläche sind bebaut? Begründe.

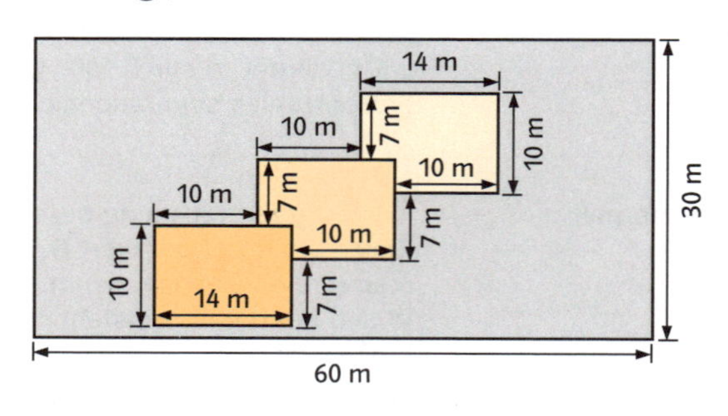

5 Ein sechseckiger Pflanzkübel hat folgende Innenmaße: Länge der Seiten 20 cm; Höhe 35 cm.

a) Zeichne das regelmäßige Sechseck im Maßstab 1:10.

b) Bestimme das Volumen des Pflanzkübels. Drücke das Ergebnis in Liter aus.

6 Trage die fehlenden Größen des Prismas ein.

	a)	b)	c)	d)
Umfang	18 cm	20 dm		
Höhe			35 mm	25 cm
Grundfläche	36 cm²	5,8 m²	12 cm²	
Mantel	216 cm²			18 dm²
Oberfläche			94 cm²	
Volumen		8,7 m³		10 l

7 Ein Rechteck hat den Umfang 12 cm und den Flächeninhalt 8 cm². Wie groß sind Umfang und Flächeninhalt eines Rechtecks, dessen Seiten um

a) 100 % länger b) 100 % kürzer
c) 50 % länger d) 50 % kürzer

sind als die Seiten des ursprünglichen Rechtecks? Zeichne. Erläutere deine Antwort.

8 a) Zeichne ein Dreieck mit $\alpha = 35°$; $\beta = 65°$; $\gamma = 80°$.
b) Zeichne ein zweites Dreieck mit den gleichen Winkelmaßen und mit vierfachem Flächeninhalt.

c) Erläutere, wie du bei b) vorgegangen bist.

9 Drücke den Flächeninhalt und den Umfang des Trapezes mit der Variablen a aus.

a)

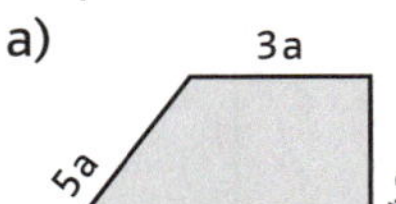

b)

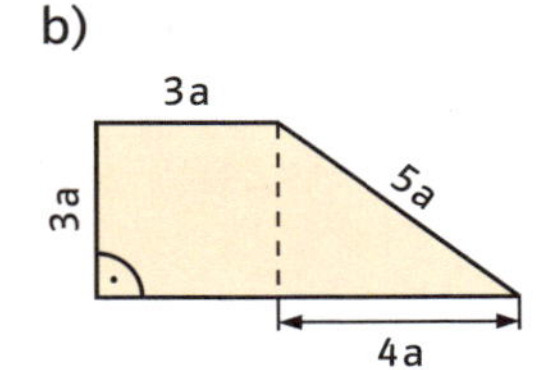

10 Ein Würfel mit der Kantenlänge 5 cm wird in zwei treppenförmige Prismen zerlegt.

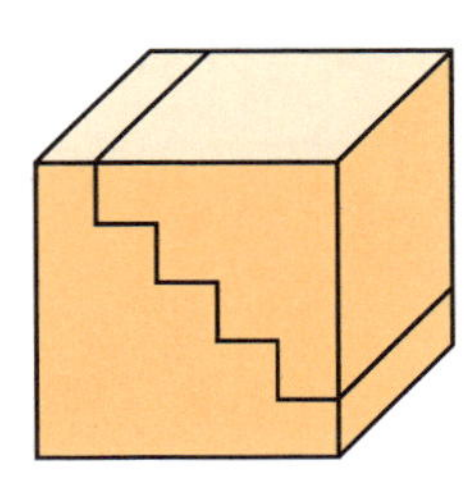

Berechne das Volumen der beiden entstandenen Prismen.

1 Berechne die fehlenden Größen für ein Parallelogramm. Trage die Ergebnisse ein.

a	8 cm	3,2 m	
b			25,2 cm
h_a		5,2 m	27,9 cm
h_b	7 cm		7,2 cm
u	28 cm	19,2 m	
A			

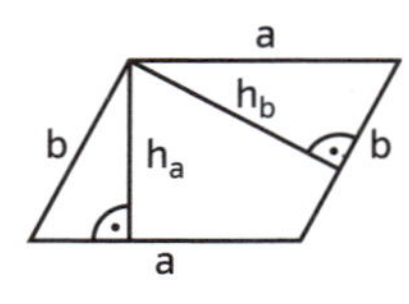

2 Berechne die fehlenden Größen für ein Dreieck. Trage die Ergebnisse ein.

c	32 cm		
h_c		47 m	156 cm
A	720 cm²	13,63 a	5,46 m²

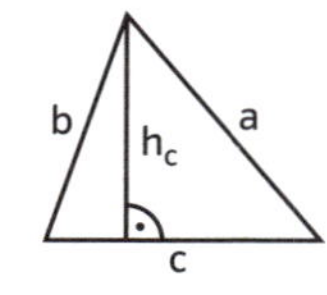

3 Berechne die fehlenden Größen für ein Trapez. Trage die Ergebnisse ein.

a	2,5 m		1,8 m
c		5,4 cm	140 cm
h	2,8 m	3,5 cm	
A	4,76 m²	22,05 cm²	496 dm²

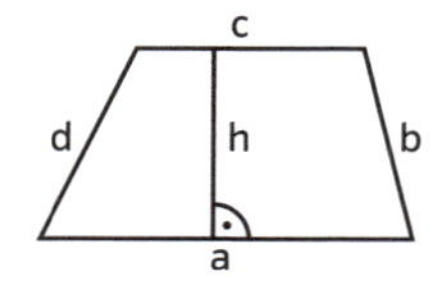

4 Berechne die Flächeninhalte.

a)

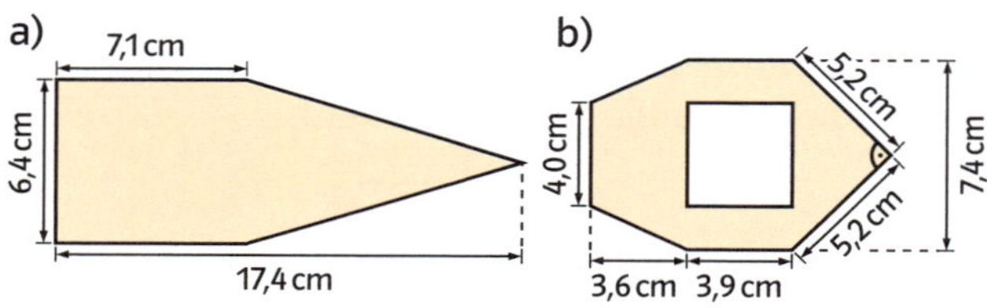

b)

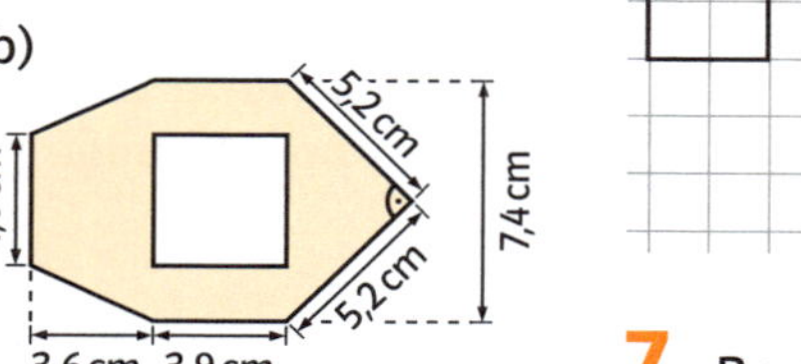

5 Ein Dach, dessen Seitenflächen Trapeze und Dreiecke sind, nennt man Walmdach. Das Dach muss neu eingedeckt werden. Der Quadratmeter Dachdeckung kostet 32,50 €. Wie hoch werden die Kosten ausfallen?

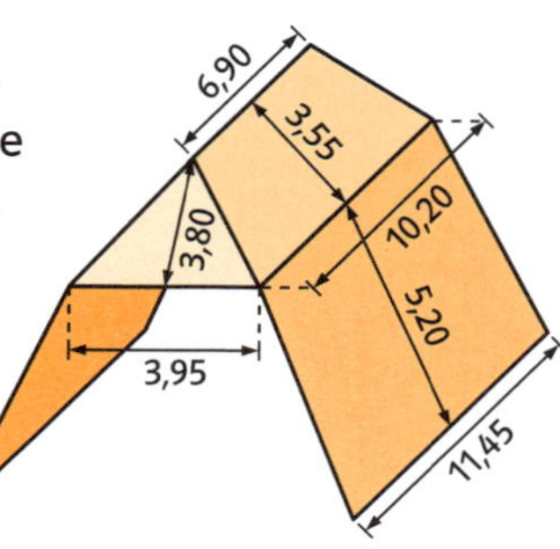

6 Ergänze die Flächen auf 100 %.

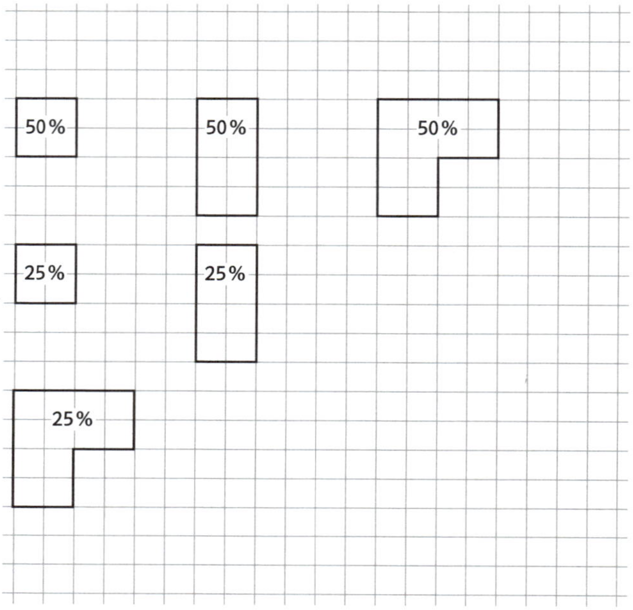

50 %　50 %　50 %

25 %　25 %

25 %

7 Berechne das Gesamtvolumen der Möbelstücke. Gib die Zwischenschritte deiner Berechnung an.

a)

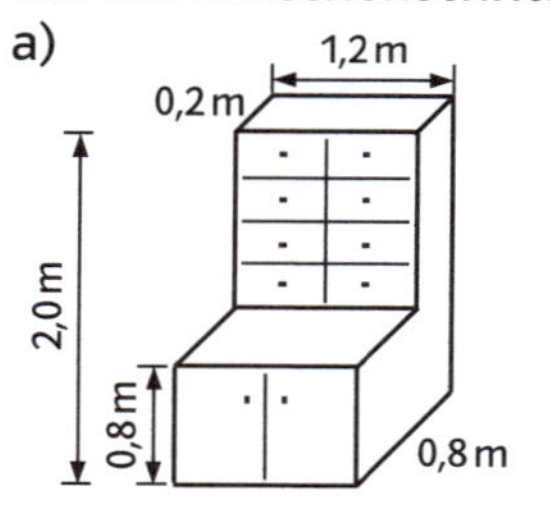

b)

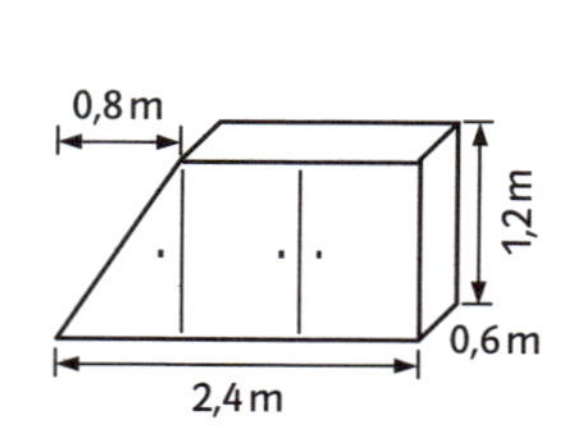

8 Miss die notwendigen Größen. Ergänze die Zeichnung und trage die Maße ein. Berechne Umfang und Flächeninhalt des Siebenecks.

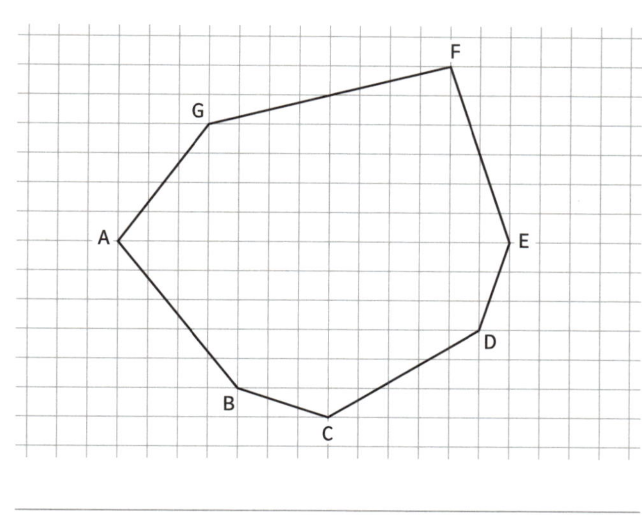

9 Zeichne ein regelmäßiges Viereck in einem Kreis mit dem Radius von 2 cm. Zerlege das Viereck geschickt, miss die notwendigen Größen und berechne den Flächeninhalt.

10 Zur Fütterung des Wildes werden meist Futtertröge verwendet, die die folgende Form haben.

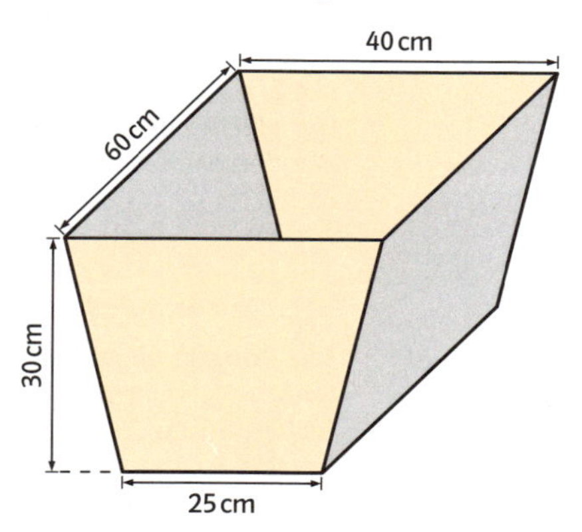

Wie viel Futter fasst der Trog, wenn er bis zum Rand gefüllt ist?

11 Ein 5 m langer Eisenträger soll vollständig mit Schutzfarbe gestrichen werden. Wie groß ist die zu streichende Fläche?

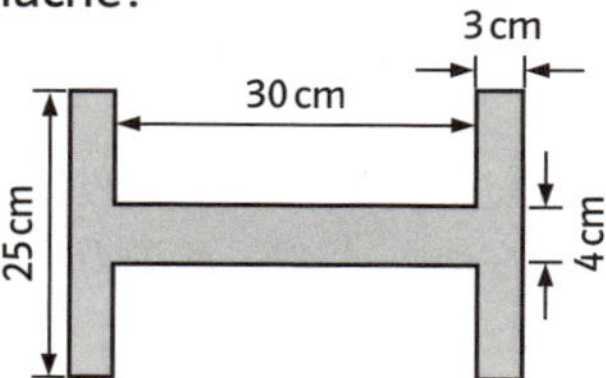

12 Ein würfelförmiger Behälter mit 10 cm Kantenlänge fasst 1 l. Wie hoch müsste ein quaderförmiger Behälter sein, wenn er ebenfalls 1 l fassen soll und folgende Grundflächenmaße hat: 10 cm lang und 5 cm breit? Begründe.

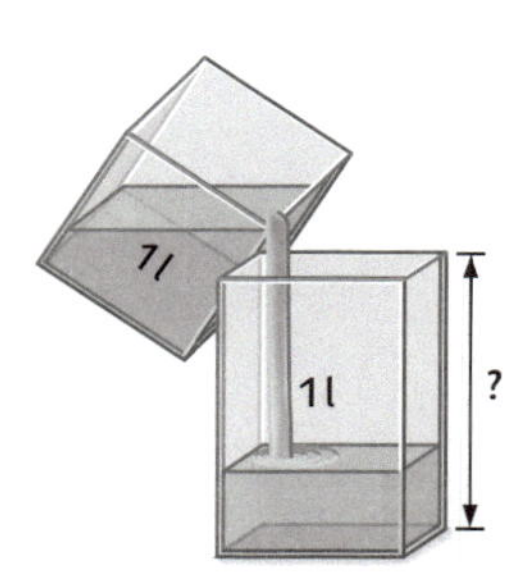

Umfang und Fläche für Vierecke und Dreiecke		
Rechteck und Quadrat	Der **Umfang eines Rechtecks** ist die Summe aus der zweifachen Länge und der zweifachen Breite: Es gilt $u = 2(a + b)$ Der **Flächeninhalt eines Rechtecks** ist das Produkt aus den Maßzahlen der Länge und der Breite: Es gilt $A = ab$ Beim **Quadrat** sind Länge und Breite gleich.	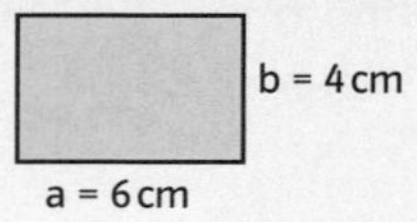 b = 4 cm a = 6 cm
Parallelogramm und Raute	Der **Umfang eines Parallelogramms** ist die Summe aus der zweifachen Länge und der zweifachen Breite: Es gilt $u = 2(a + b)$ Der **Flächeninhalt eines Parallelogramms** kann aus dem Produkt einer Seitenlänge und der zugehörigen Höhe berechnet werden: Es gilt $A = a h_a$ $A = b h_b$ Bei der **Raute** sind alle Seiten gleich lang.	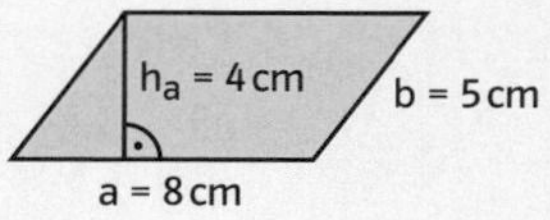 h_a = 4 cm b = 5 cm a = 8 cm
Dreieck	Der **Umfang eines Dreiecks** ist die Summe aus den Längen der Seiten: Es gilt $u = a + b + c$ Der **Flächeninhalt eines Dreiecks** kann aus dem halben Produkt einer Seitenlänge und der zugehörigen Höhe berechnet werden: Es gilt $A = \frac{1}{2} a h_a$ $A = \frac{1}{2} b h_b$ $A = \frac{1}{2} c h_c$ Für das rechtwinklige Dreieck ($\gamma = 90°$) ergibt sich: $A = \frac{1}{2} ab$	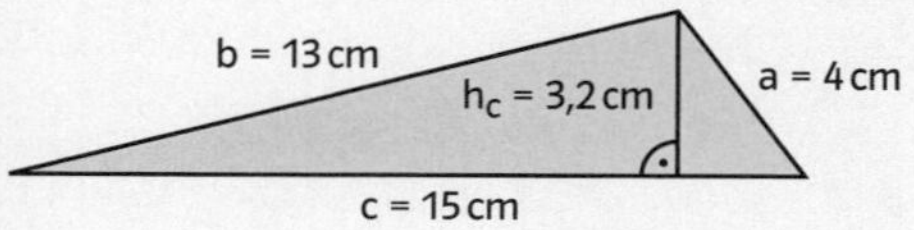 b = 13 cm h_c = 3,2 cm a = 4 cm c = 15 cm
Trapez	Der **Umfang eines Trapezes** ist die Summe aus den Längen der Seiten: Es gilt $u = a + b + c + d$ Der **Flächeninhalt eines Trapezes** kann aus den Längen seiner beiden parallelen Seiten und der Höhe berechnet werden: Es gilt $A = \frac{1}{2}(a + c)h$ oder $A = mh$	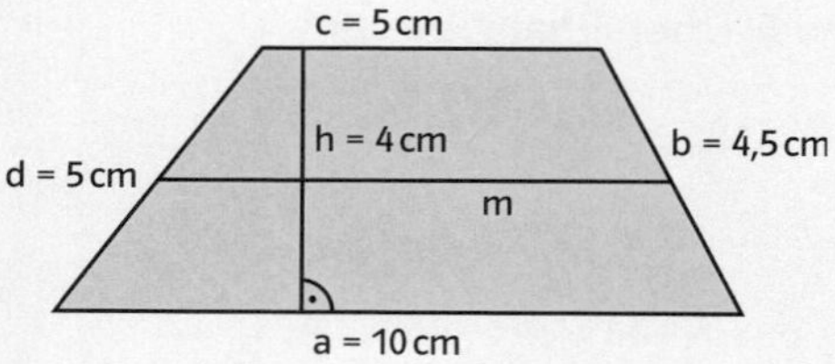 c = 5 cm h = 4 cm d = 5 cm b = 4,5 cm m a = 10 cm
Drachen	Der **Flächeninhalt eines Drachens** kann aus dem halben Produkt der Längen der beiden Diagonalen berechnet werden: Es gilt $A = \frac{1}{2} ef$ Für den Umfang gilt $u = 2(a + b)$	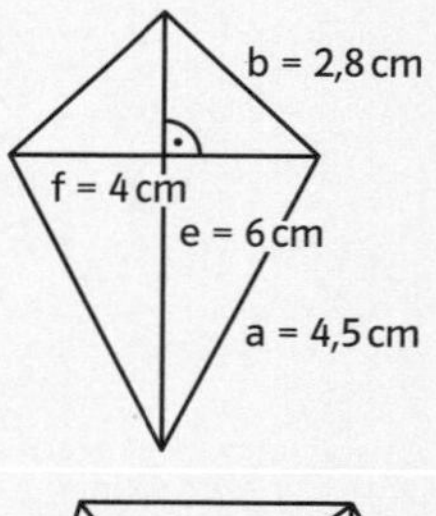 b = 2,8 cm f = 4 cm e = 6 cm a = 4,5 cm
Vieleck	Der **Flächeninhalt eines Vielecks** kann aus der Summe der Flächeninhalte seiner Teilflächen berechnet werden: Es gilt $A = A_1 + A_2 + A_3 + A_4 + \ldots + A_n$ Für den **Umfang** gilt $u = a_1 + a_2 + a_3 + a_4 + \ldots + a_m$	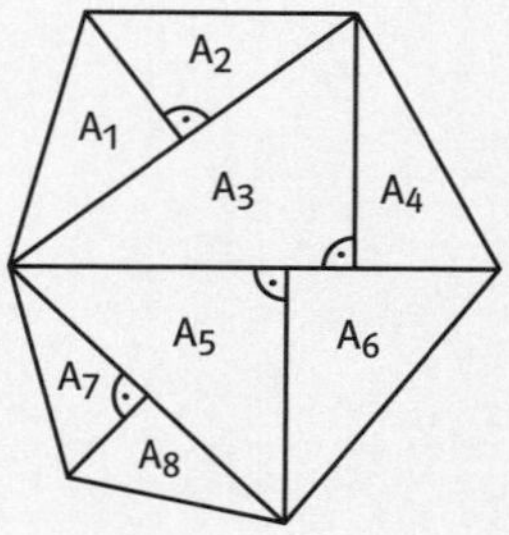 A_1, A_2, A_3, A_4, A_5, A_6, A_7, A_8

Oberfläche und Volumen von Körpern

Quader und Würfel	Ein **Quader** mit den Kantenlängen a, b und c hat das Volumen $V = abc$ und die Oberfläche $O = 2(ab + bc + ca)$. Ein **Würfel** ist ein Quader mit drei gleichen Kantenlängen $a = b = c$. Er hat das Volumen $V = a^3$ und die Oberfläche $O = 6a^2$.	
Prisma	Ein **Prisma** wird begrenzt von der **Grundfläche**, der **Deckfläche** und dem **Mantel**. Grundfläche und Deckfläche sind kongruente (deckungsgleiche) Dreiecke, Vierecke usw. Die Mantelfläche besteht aus Rechtecken. Die Oberfläche O ist die Summe aus dem Doppelten der Grundfläche G und der Mantelfläche M: $O = 2G + M$ Die Mantelfläche M ist das Produkt aus dem Umfang u der Grundfläche mit der Körperhöhe h: $M = uh$ Das Volumen eines Prismas lässt sich als Produkt aus Grundfläche und Körperhöhe berechnen: $V = Gh$	
zusammengesetzte Körper	Werden zwei Körper mit den Volumina V_1 und V_2 zusammengesetzt, so hat der zusammengesetzte Körper das Volumen $V = V_1 + V_2$. Die Oberfläche eines zusammengesetzten Körpers lässt sich als Summe von Einzelflächen berechnen.	

Darstellung von Flächen und Körpern

Maßstab	Der **Maßstab** gibt an, mit welchem Faktor man eine Länge in der Abbildung multiplizieren muss, um die Länge in der Wirklichkeit zu erhalten. Beim Maßstab 1:200 („1 zu 200") entspricht 1 cm auf der Abbildung $1\,\text{cm} \cdot 200 = 200\,\text{cm} = 2\,\text{m}$ in der Wirklichkeit. Umgekehrt muss man die ursprüngliche Länge durch 200 dividieren, wenn man im Maßstab 1:200 zeichnen will: Eine Strecke, die in Wirklichkeit 2 m lang ist, misst dann in der Abbildung 1 cm.	Maßstab 1:200
Schrägbild	In einem **Schrägbild** werden Strecken, – die parallel zur Zeichenebene verlaufen, in Länge und Richtung unverändert gezeichnet, – die senkrecht zur Zeichenebene verlaufen, unter einem Winkel von 45° und auf die Hälfte verkürzt gezeichnet, – die weder parallel noch senkrecht zur Zeichenebene verlaufen, anhand von Hilfslinien gezeichnet.	Trapezprisma: Die Grundfläche wird aufgezeichnet und mit Hilfslinien gekippt. Darauf wird das Prisma gezeichnet.

1 a) Wie groß sind die Winkel α, β und γ?

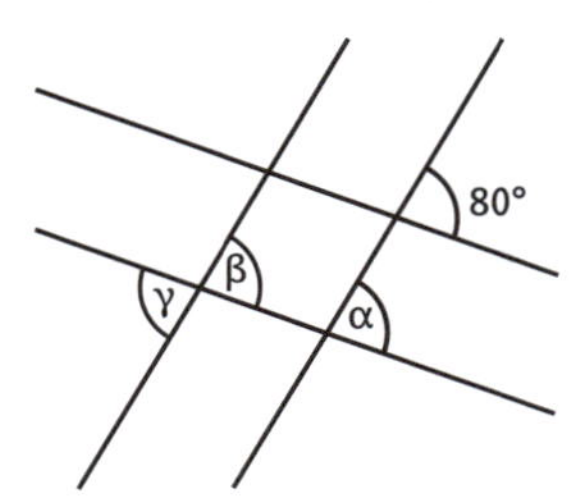

b) Gib die zugehörigen Winkelsätze an.

2 Bestimme die Größe der bezeichneten Winkel. Begründe. Beachte: Gleiche Buchstaben bezeichnen gleich große Winkel.

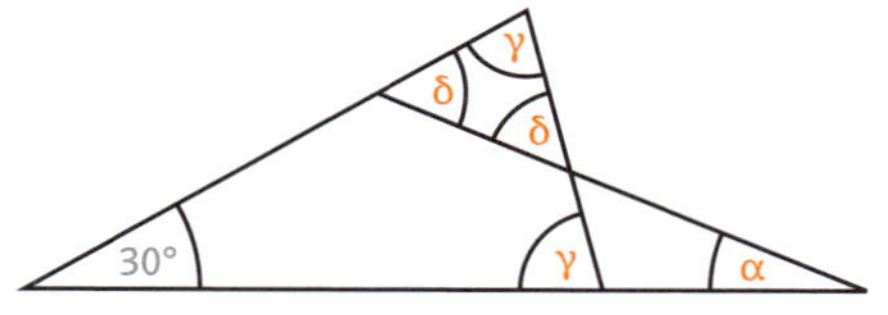

3 Ergänze zu einem Parallelogramm. Es gibt drei Möglichkeiten. Findest du sie alle? Benutze verschiedene Farben.

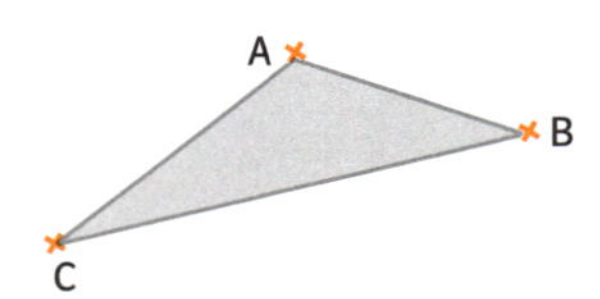

4 Ergänze zu einem symmetrischen Trapez. Es gibt drei Möglichkeiten. Findest du sie alle? Benutze verschiedene Farben.

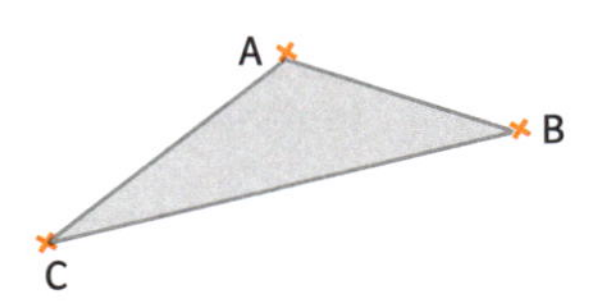

5 Wie viele besondere Drei- und Vierecke findest du in der folgenden Figur? Schreibe mindestens zehn auf, indem du die Eckpunkte angibst und den Drei- bzw. Viereckstyp benennst.

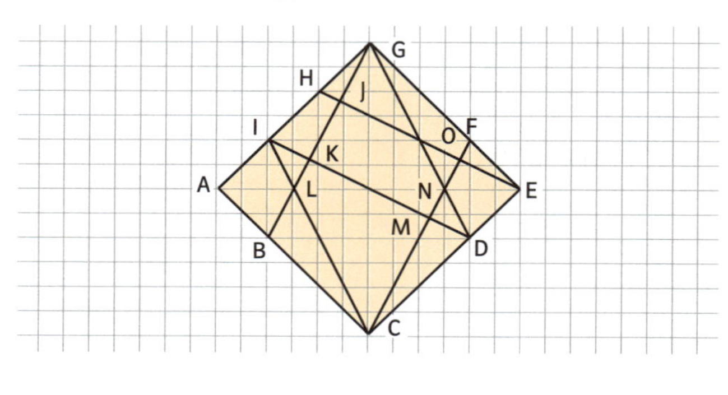

6 Was kannst du über die Umfänge und Flächeninhalte der Vierecke sagen? Erläutere ausführlich.

7 a) Berechne den fehlenden Innenwinkel im Viereck und trage den Wert ein.

α	β	γ	δ
25°	105°	65°	

b) Begründe deine Antwort.

c) Skizziere zwei nicht deckungsgleiche Vierecke, deren Winkel die angegebenen Größen haben.

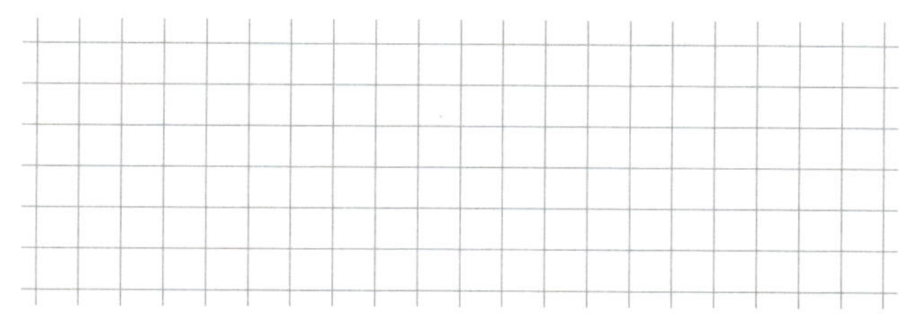

d) Welcher ist der wichtigste Unterschied zwischen den von dir gezeichneten Vierecken?

8 Vervollständige zum Netz eines Prismas.

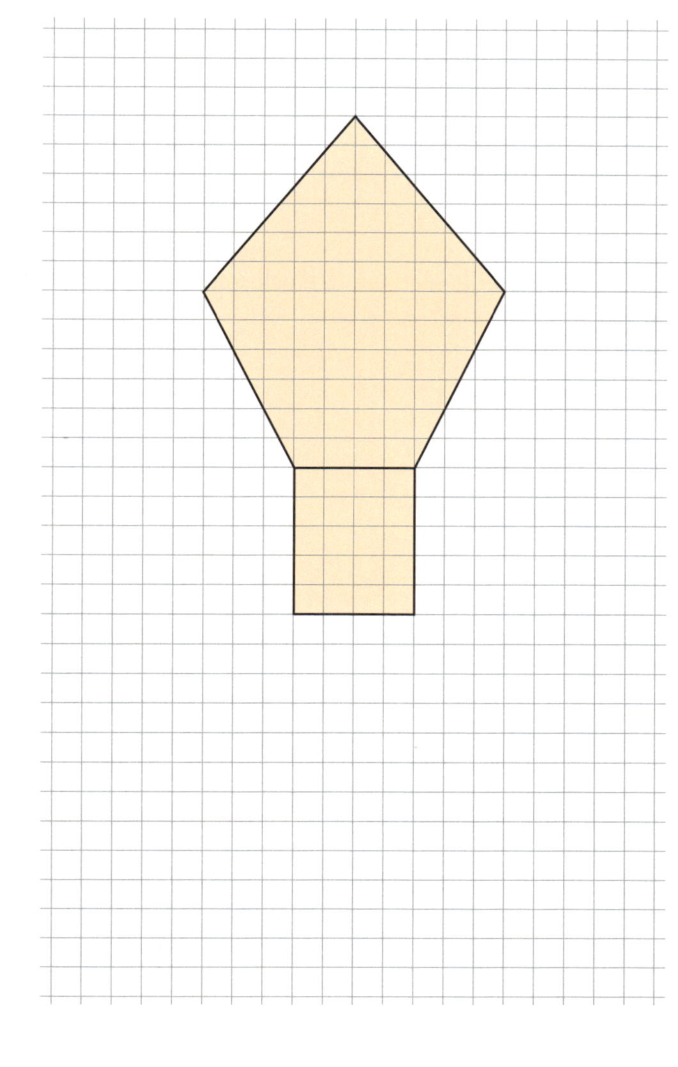

9 a) Zeichne ein Viereck mit den Seiten $a = 6\,cm$; $b = 3{,}5\,cm$; $c = 5\,cm$ und $d = 2{,}5\,cm$.
Gibt es mehrere Möglichkeiten? Erläutere.

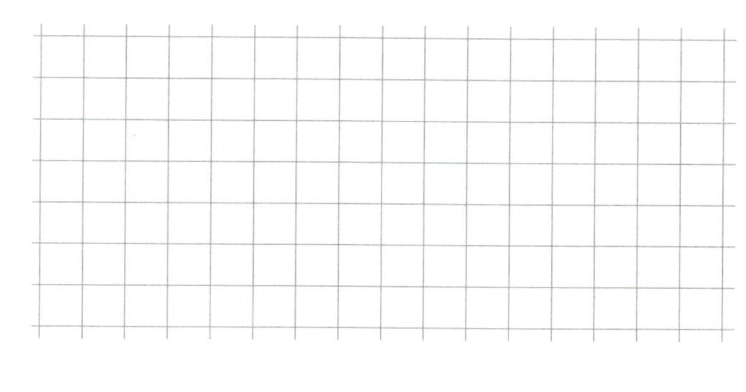

b) Zeichne das Viereck wie in a), jedoch mit der Diagonale $\overline{AC} = 4{,}3\,cm$. Wie viele verschiedene Vierecke kannst du zeichnen?

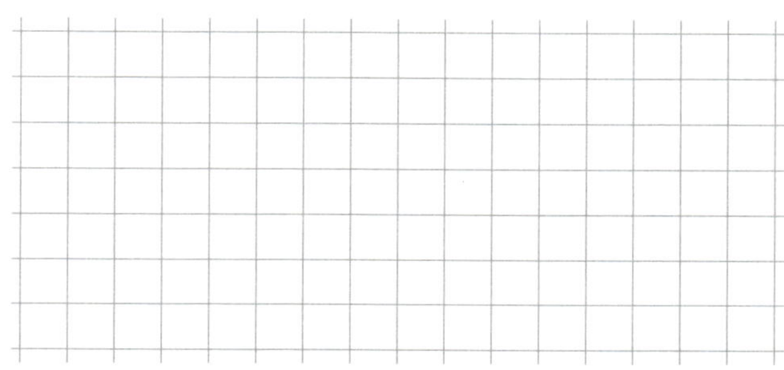

c) Begründe, warum zur Stabilisierung eines Vierecks eine Diagonale reicht.

10 Vervollständige die Figur zu einem Viereck
a) mit einer Symmetrieachse.
b) mit vier Symmetrieachsen.
c) mit einem Symmetriewinkel von 180°.

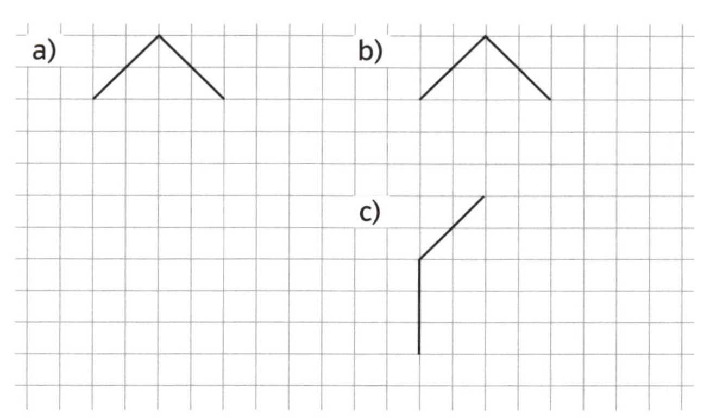

1 Zeichne die Punkte A, B und C in ein Koordinatensystem. Füge einen vierten Eckpunkt D so hinzu, dass das angegebene Viereck entsteht. Wähle nur Punkte, die du in das vorgegebene Koordinatensystem eintragen kannst. Trage die Koordinaten von D in die Tabelle ein.

	A	B	C	D
Parallelogramm	(2 | 1)	(7 | 1)	(9 | 5)	
symm. Trapez	(1 | 0)	(6 | 0)	(5 | 3)	
Drachen	(1 | 3)	(6 | 1)	(7 | 3)	

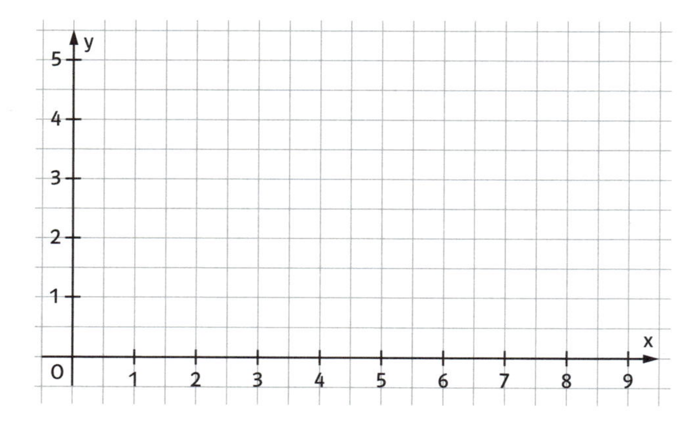

2 Wie groß sind die Winkel α, β und γ?
Trage die Ergebnisse in die Tabelle ein.

a)
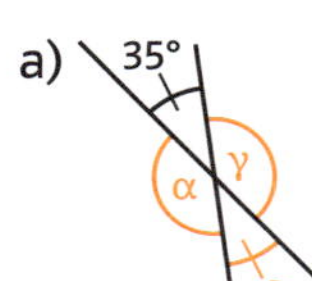

b)
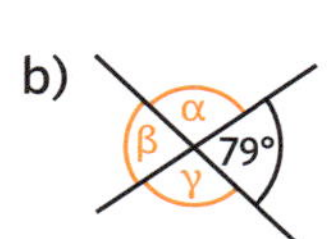

c)
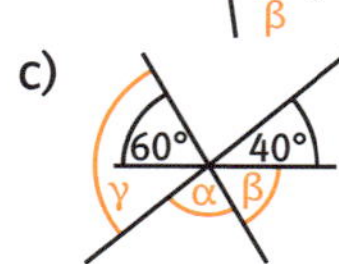

d)
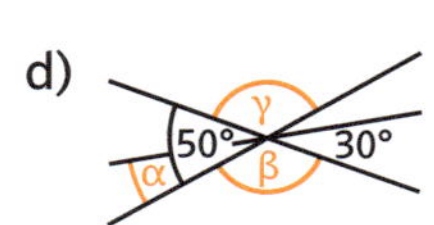

	a)	b)	c)	d)
α				
β				
γ				

3 Berechne die bezeichneten Winkel. Trage die Ergebnisse in die Tabelle ein.

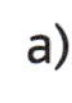
a)
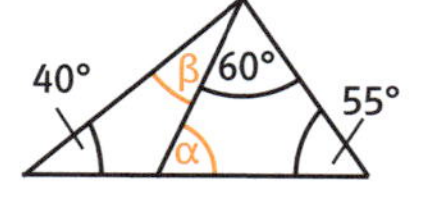

b)
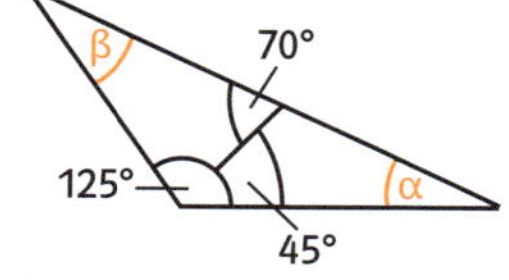

c)
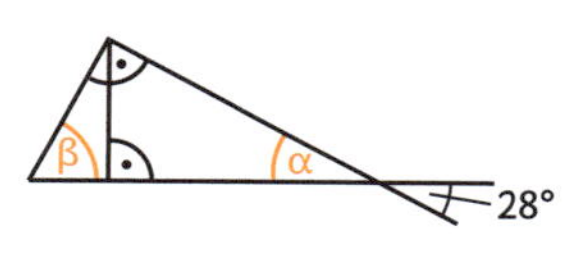

d)
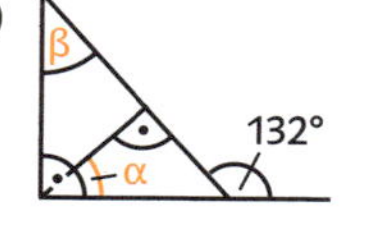

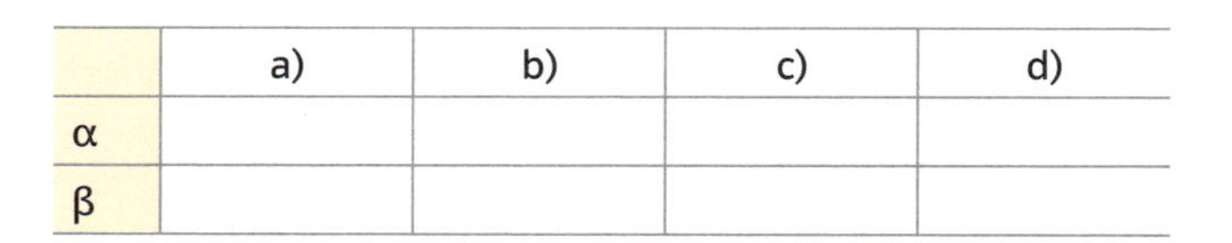

	a)	b)	c)	d)
α				
β				

4 Nenne drei besondere Dreiecke und drei besondere Vierecke. Zeichne jeweils ein Beispiel und liste ihre Eigenschaften auf.

5 Konstruiere jeweils ein Dreieck mit:
a) b = c = 3 cm und a = 4 cm.

b) b = c = 3 cm; α = 120°.

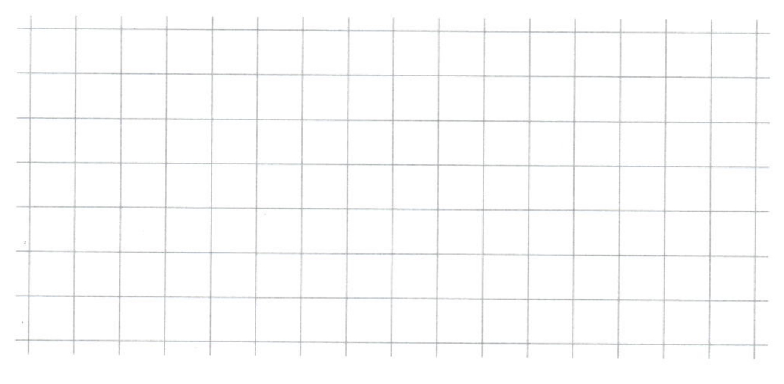

c) b = 3 cm; α = 35°; γ = 55°.

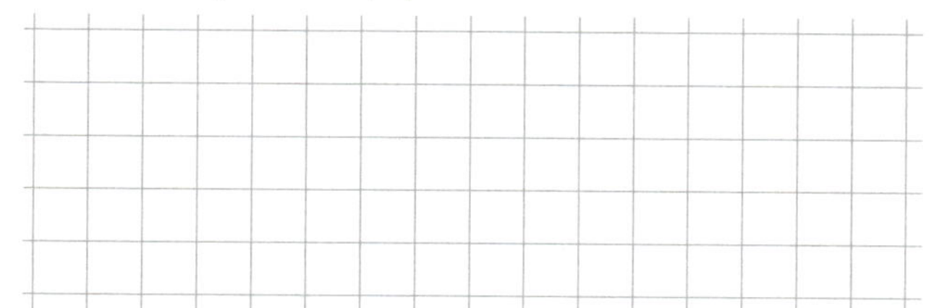

6 Zeichne das Netz des folgenden Prismas: Parallelogrammprisma mit den Seitenlängen a = 4 cm; b = 2,5 cm; α = 25°; h = 2 cm

7 Zeichne das Schrägbild des auf der Grundfläche stehenden Prismas. Die Körperhöhe ist 5 cm.

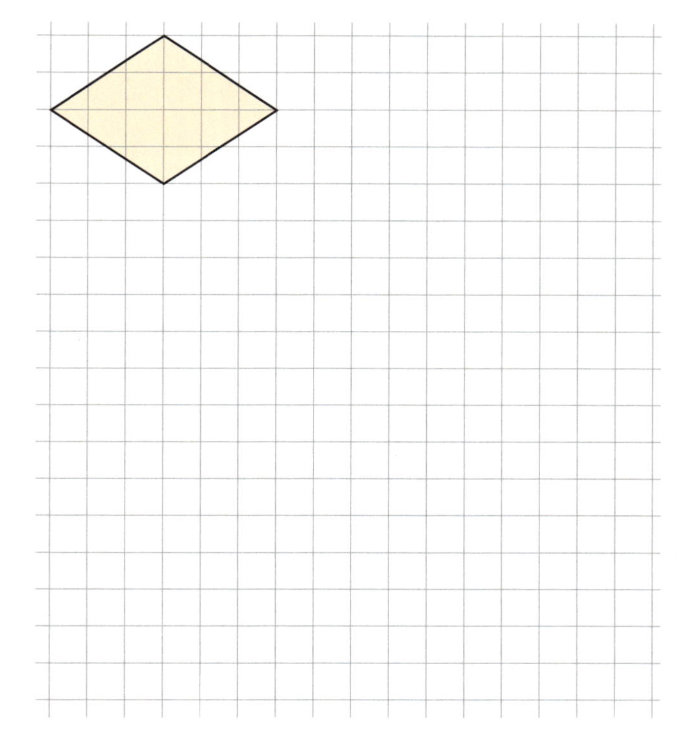

8 In einem Viereck ist β um 30° größer als α, γ dreimal so groß wie α, δ um 60° größer als α. Berechne die Winkel.

9 Zeichne das Dreieck ABC mit A(3 | 2), B(8 | 0), C(5 | 4) in ein Koordinatensystem. Konstruiere:
a) die Mittelsenkrechte von $\overline{AC}$.
b) die Seitenhalbierende von $\overline{AB}$.
c) die Winkelhalbierende von β.

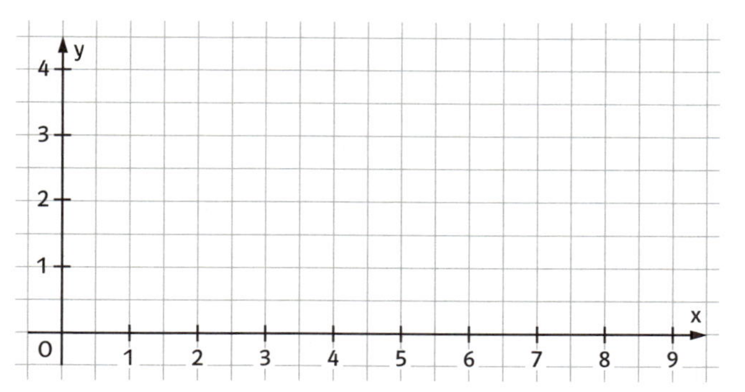

10 Richard ist 1,60 m groß. An einem Vormittag in den Pfingstferien misst er seinen Schatten. Die Sonne steht zu dieser Zeit 35° hoch über dem Erdboden. Erstelle eine maßstäbliche Zeichnung und gib an, welche Länge er wohl gemessen hat.

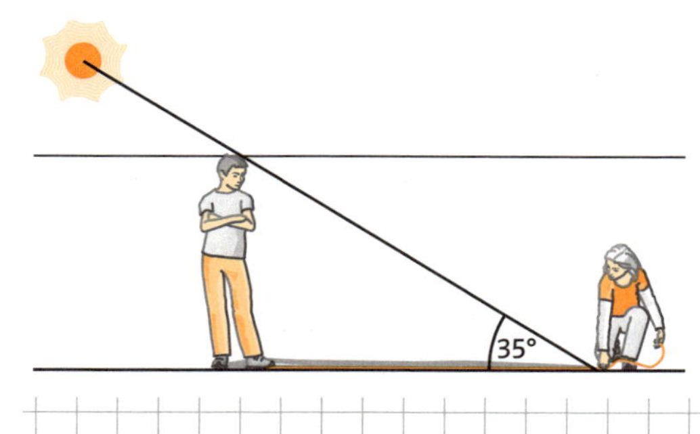

Winkel, Geraden und Strecken. Abstände		
Winkel an sich schneidenden Geraden	An sich schneidenden Geraden sind **Scheitelwinkel** gleich groß. Zwei **Nebenwinkel** ergeben zusammen 180°.	β ist Nebenwinkel zu α. γ ist Scheitelwinkel zu α.
Winkel an parallelen Geraden	**Wechselwinkel** an parallelen Geraden sind gleich groß. **Stufenwinkel** an parallelen Geraden sind gleich groß. Sind Stufenwinkel oder Wechselwinkel an zwei Geraden gleich groß, so sind diese Geraden parallel.	g ∥ h β ist Wechselwinkel zu α. γ ist Stufenwinkel zu α.
Abstände	Der **Abstand** des Punktes P zur Geraden g ist die Länge der Strecke, die von P zu g führt und auf g senkrecht steht. Bei parallelen Geraden hat jeder Punkt auf einer der zwei Geraden den gleichen Abstand zur anderen Geraden.	
Mittelsenkrechte	Die **Mittelsenkrechte** einer Strecke ist die Symmetrieachse dieser Strecke. Jeder Punkt mit dem gleichen Abstand zu den Endpunkten einer Strecke liegt auf der Mittelsenkrechten. Umgekehrt hat jeder Punkt der Mittelsenkrechten den gleichen Abstand zu den Endpunkten der Strecke.	
Winkelhalbierende	Die **Winkelhalbierende** eines Winkels ist die Symmetrieachse des Winkels. Jeder Punkt mit gleichem Abstand zu den beiden Schenkeln eines Winkels liegt auf der Winkelhalbierenden. Umgekehrt hat jeder Punkt der Winkelhalbierenden den gleichen Abstand zu den Seiten des Winkels.	

Dreiecke		
Winkel im Dreieck	Die Summe der Innenwinkel eines beliebigen Dreiecks beträgt 180°. Jeder Außenwinkel ist so groß wie die Summe der nicht anliegenden Innenwinkel.	
besondere Geraden und Strecken im Dreieck	Die drei **Mittelsenkrechten** eines Dreiecks schneiden sich in einem Punkt U, der der **Mittelpunkt des Umkreises** des Dreiecks ist. Die drei **Winkelhalbierenden** eines Dreiecks schneiden sich in einem Punkt I, der der **Mittelpunkt des Inkreises** des Dreiecks ist. Eine **Seitenhalbierende** eines Dreiecks verbindet eine Seitenmitte mit der gegenüber liegenden Ecke. Die drei Seitenhalbierenden haben einen gemeinsamen Punkt S, der **Schwerpunkt** des Dreiecks genannt wird.	Umkreis Inkreis
besondere Dreiecke	Sind bei einem Dreieck zwei Seiten gleich lang, dann nennt man diese Seiten **Schenkel** des Dreiecks und das Dreieck **gleichschenkliges Dreieck**. Die Seite AB heißt **Basis** des Dreiecks und die Winkel α und β nennt man **Basiswinkel**. Die Basiswinkel sind gleich groß. Sind bei einem Dreieck alle drei Seiten gleich lang, dann nennt man das Dreieck **gleichseitiges Dreieck**. Die drei Winkel eines solchen Dreiecks sind gleich groß. Ein gleichseitiges Dreieck hat drei Symmetrieachsen.	Die Mittelsenkrechte der Basis ist Symmetrieachse des Dreiecks.

Dreiecksungleichung	Die Summe der Längen zweier Dreiecksseiten ist immer größer als die Länge der dritten Seite.	Ein Dreieck mit den Seitenlängen 3 cm; 7 cm und 20 cm kann es nicht geben, weil $3\,\text{cm} + 7\,\text{cm} < 20\,\text{cm}$.
kongruente Dreiecke	Zwei Dreiecke sind zueinander kongruent, wenn man sie so aufeinanderlegen kann, dass sie genau passen. Stimmen zwei Dreiecke in den folgenden Angaben überein, so sind sie kongruent: - drei Seiten (SSS), - zwei Seiten und dem eingeschlossenen Winkel (SWS), - einer Seite und zwei gleich liegenden Winkeln (WSW oder SWW).	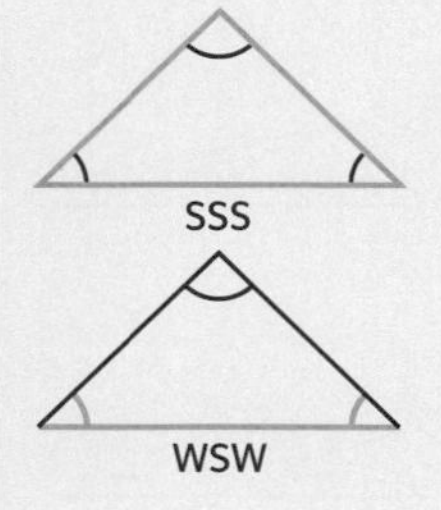 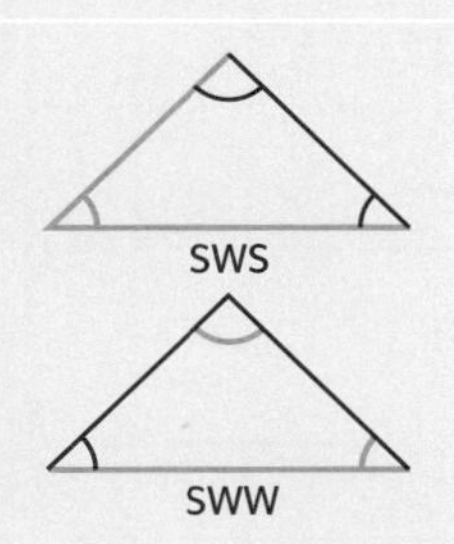

Vierecke

symmetrische Vierecke	Vierecke mit Symmetrien heißen **besondere Vierecke.** Sie werden in das **Haus der Vierecke** einsortiert. Längs der Striche kommen von oben nach unten immer mehr Symmetrien hinzu. Jedes Viereck hat auch immer die Eigenschaften der über ihm stehenden Vierecke, wenn sie durch einen Strich verbunden sind. Das allgemeine Trapez muss keine Symmetrien haben, hat aber zwei parallele Seiten.	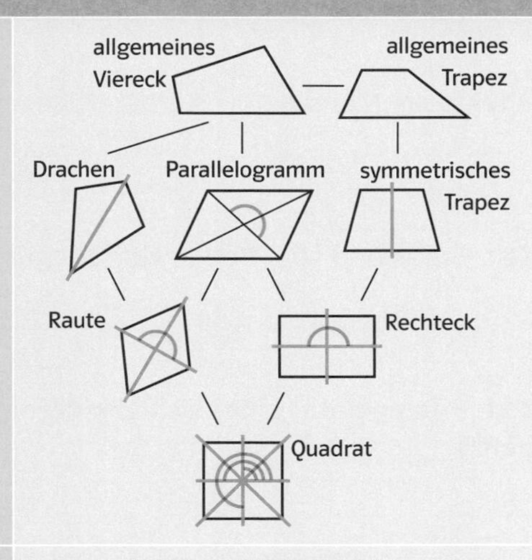
kongruente Vierecke	Zwei Vierecke sind **zueinander kongruent**, wenn man sie so aufeinanderlegen kann, dass sie genau passen. Um dies zu überprüfen, genügt es bei Vierecken, entsprechende Streckenlängen und Winkelweiten zu vergleichen. Zum Nachweis der Kongruenz bei Vierecken sind fünf geeignete Angaben notwendig.	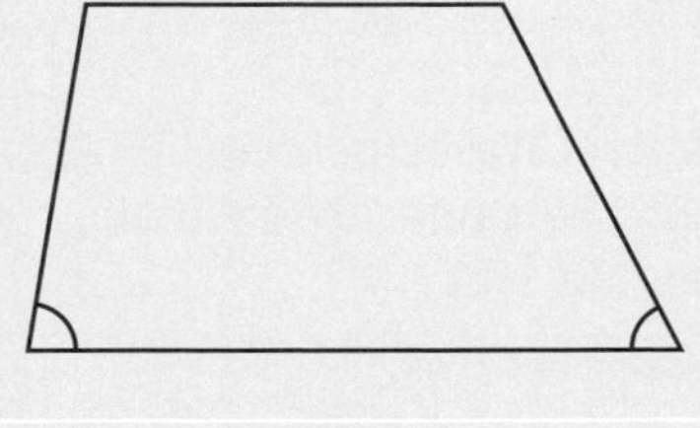
Winkel im Viereck	Die Summe der Innenwinkel eines beliebigen Vierecks beträgt 360°.	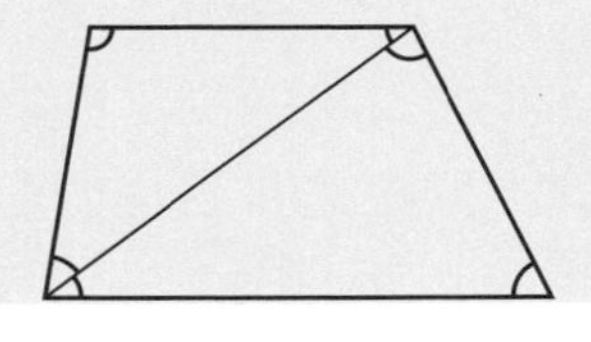

Figuren am Kreis

Kreis und Gerade	Eine Gerade und ein Kreis können zwei Punkte, einen einzigen Punkt oder gar keinen Punkt gemeinsam haben. Eine Gerade, die einen Kreis in genau einem Punkt P berührt, heißt **Tangente des Kreises in P.** Sie steht senkrecht auf der Strecke, die den Mittelpunkt mit P verbindet.	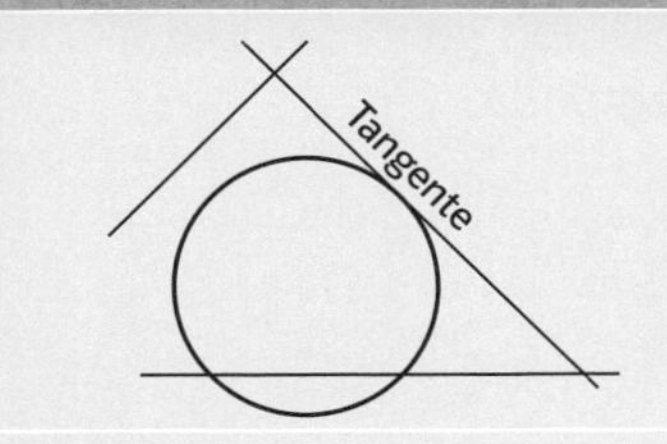
Thaleskreis	Wenn ein Kreis eine Strecke $\overline{AB}$ als Durchmesser hat, dann heißt er **Thaleskreis über $\overline{AB}$.** **Satz des Thales** Jeder Winkel im Halbkreis über einer Strecke ist ein rechter Winkel. **Umkehrung** Wenn ein Dreieck ABC bei C einen rechten Winkel hat, so liegt C auf dem Thaleskreis über $\overline{AB}$.	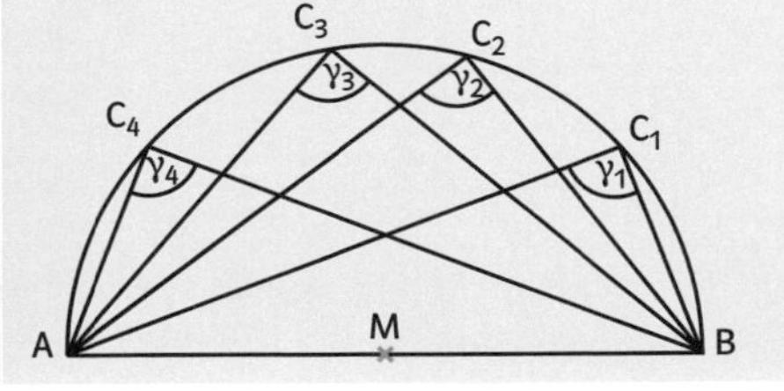

1 Welcher der Graphen gehört zu welcher Zuordnung? Begründe.

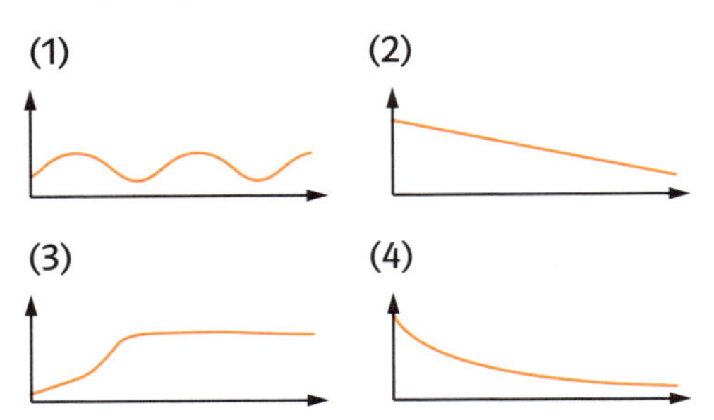

a) Brenndauer ↦ Höhe einer brennenden Kerze

b) Alter eines Menschen ↦ Körpergröße

c) Zeit ↦ Abstand vom Boden zum Schaukelbrett

d) Zeit ↦ Temperatur eines sich abkühlenden Getränks

2 Aus zwei Wasserhähnen läuft Wasser. Aus Hahn 1 laufen pro Sekunde 10 ml Wasser, aus Hahn 2 laufen pro Sekunde 5 ml.

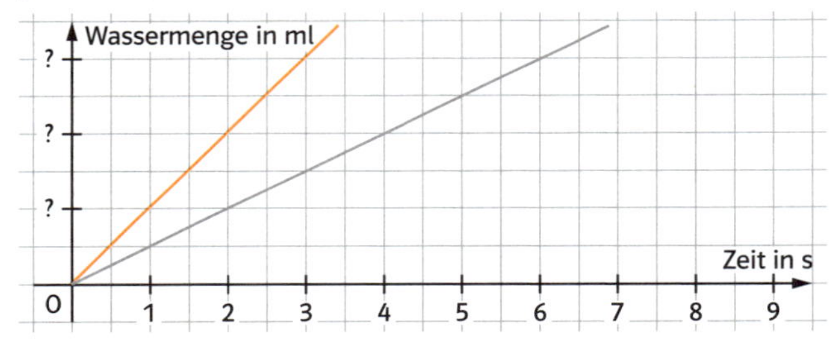

a) Welcher Graph gehört zu Hahn 1, welcher zu Hahn 2? Begründe.

b) Auf der zweiten Achse wurde die Einteilung vergessen. Füge sie ein.

3 Rebecca schneidet aus Pappe verschieden große Rechtecke aus. Sie misst die Seitenlängen, berechnet die Flächeninhalte und wiegt dann die Rechtecke. Die gefundenen Werte trägt sie in ein Koordinatensystem ein.

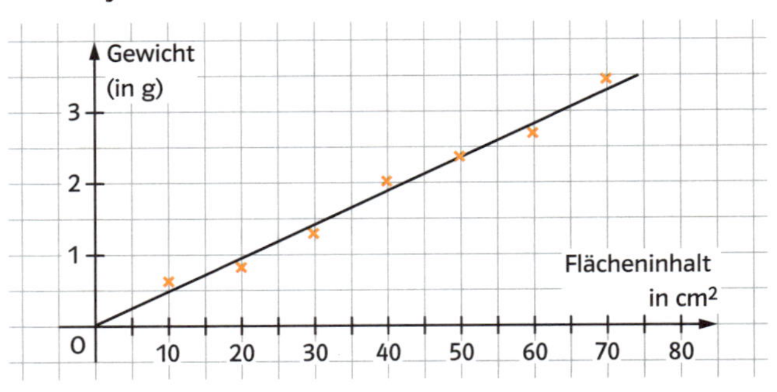

a) Denkst du, dass die Zuordnung *Flächeninhalt ↦ Gewicht* proportional sein müsste? Begründe.

b) Wie kommt es, dass die Punkte nicht genau auf einer Geraden liegen?

c) Wie schwer wird ein Papprechteck mit dem Flächeninhalt 1 m^2 ungefähr sein?

d) Welche Fläche wird ein Papprechteck ungefähr haben, das 1200 g wiegt?

4 Zwei Wachskerzen, eine rote und eine gelbe, aus gleichem Brennstoff, aber mit unterschiedlicher Dicke, werden gleichzeitig angezündet. Das Schaubild zeigt die Graphen der Zuordnung *Brennzeit ↦ Kerzenlänge* für jede der zwei Kerzen.

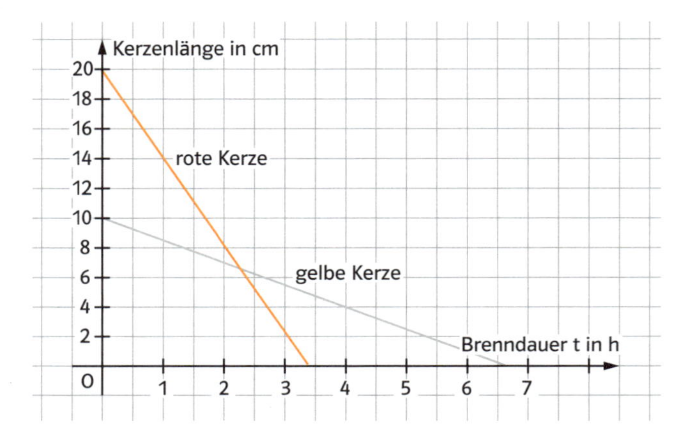

a) Welche der beiden Kerzen ist dicker? Begründe.

b) Welche Brenndauer haben die zwei Kerzen?

c) Wann sind beide Kerzen gleich lang? Beschreibe zwei Möglichkeiten, die Frage zu beantworten.

5 Berechne die Steigung der sieben Abschnitte. Trage die Ergebnisse in die Tabelle ein.

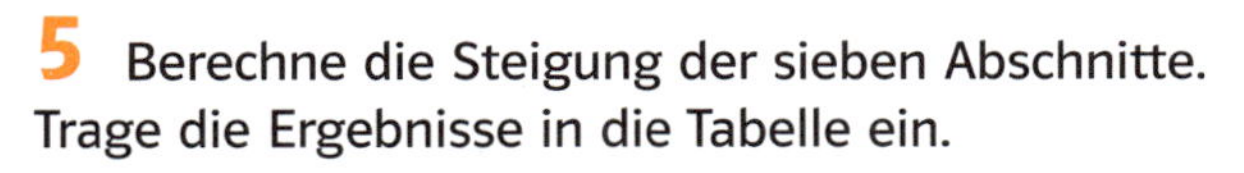

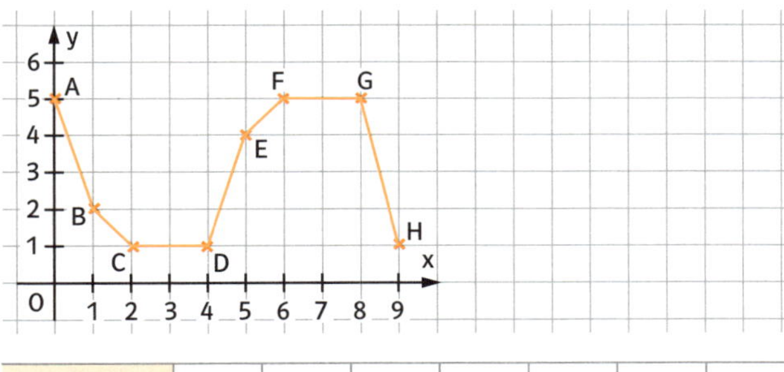

Abschnitt	AB	BC	CD	DE	EF	FG	GH
Steigung							

6 In einer Badewanne sind 150 l Wasser. Das Wasser läuft mit 12 Litern pro Minute ab.

a) Stelle einen Term zur Berechnung der Wassermenge y abhängig von der Zeit x auf.

b) Skizziere den Graphen der Zuordnung.

7 a) Erläutere, warum die Wertetabelle weder eine proportionale noch eine antiproportionale (umgekehrt proportionale) Zuordnung darstellt.

Stückzahl	20	40	60	80
Preis (in €)	2	3,5	6	7

b) Lässt sich ausgehend von dieser Tabelle genau voraussagen, welcher Preis der Stückzahl 10 zugeordnet wird? Begründe.

8 Ergänze die fehlenden Werte so, dass die Tabelle eine

a) proportionale Zuordnung darstellt.

b) antiproportionale Zuordnung darstellt.

c) weder proportionale noch antiproportionale Zuordnung darstellt.

Gewicht (in kg)	2	4	8
a) Preis (in €)	4		
b) Preis (in €)	4		
c) Preis (in €)	4		

9 Hans glaubt, dass der folgende Graph zu einer antiproportionalen (umgekehrt proportionalen) Funktion gehört. Wie kann man prüfen, ob er recht hat oder nicht? Erläutere ausführlich.

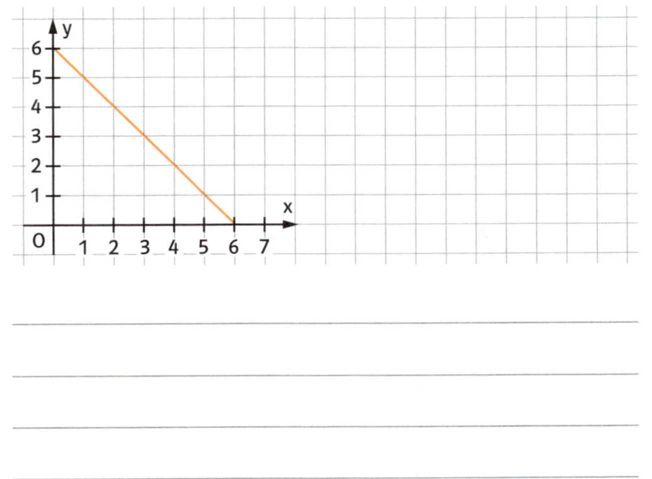

1 Ein Wald wird im Laufe von 100 Jahren dreimal durchforstet. Der Graph zeigt den Holzbestand in einem 1 ha großen Fichtenwald.

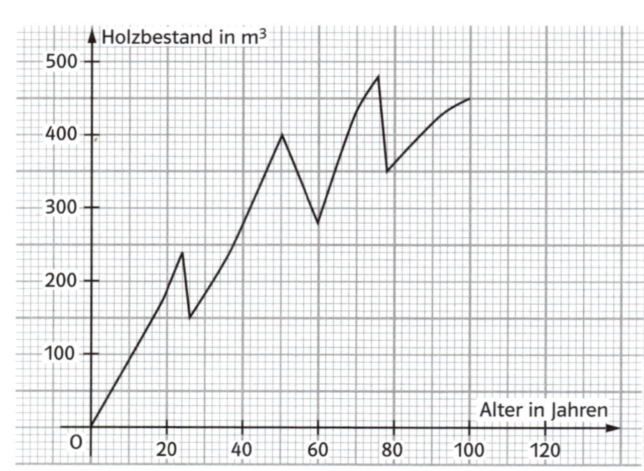

a) Nach wie vielen Jahren erreicht der Holzbestand $275\,m^3$ ($300\,m^3$; $400\,m^3$)?

b) Wann wurde jeweils durchforstet und wie viele m^3 wurden bei den Durchforstungen insgesamt geschlagen?

2 a) Was zeigt die Tabelle? Erläutere ausführlich.

K	Z	p%
1400 €		4%
650 €	29,25 €	
	42 €	3,5%
98,50 €		4,5%
900 €	29,25 €	

b) Fülle die Tabelle aus.

3 Bei Bremsversuchen mit einem Pkw wurde bei verschiedenen Geschwindigkeiten der Bremsweg gemessen.

Geschwindigkeit in km/h	10	20	30	40	50
Bremsweg in m	0,5	2,2	4,9	8,8	13,7

a) Skizziere den Graphen der Zuordnung *Geschwindigkeit → Bremsweg*.

b) Wie erkennt man anhand des Graphen am leichtesten, dass die Zuordnung nicht proportional ist?

c) Wie erkennt man an der Tabelle, dass die Zuordnung nicht proportional ist?

d) Welche wichtige Erkenntnis für den Autofahrer ergibt sich aus dem Verlauf des Graphen?

4 Gegeben sind die Geradengleichungen $y = 2x + 3$ und $y = -\frac{1}{2}x + 1$.

a) Berechne den Schnittpunkt der Geraden.

b) Zeichne die Geraden in ein genaueres Koordinatensystem und überprüfe dein Ergebnis.

5 Berechne die y-Werte und zeichne die Graphen in ein gemeinsames Koordinatensystem.

a)

x	−3	−2	−1	0	1	2	3	4
$y = x - 3$								

b)

x	−3	−2	−1	0	1	2	3	4
$y = 3 - x$								

c)

x	−3	−2	−1	0	1	2	3	4
$y = -2x$								

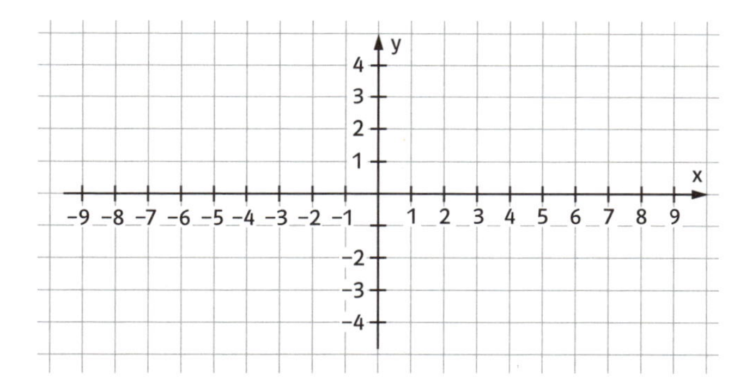

6 Prüfe rechnerisch, ob die Punkte A(2 | 3) und B(−3 | 0) zu den Graphen der Funktionen mit den gegebenen Funktionsgleichungen gehören:

a) $y = 2x + 1$ b) $y = -x + 1{,}5$

c) $y = x^2 - 9$ d) $y = x + 3$

7 Die Tabelle zeigt den Fettgehalt einiger Lebensmittel an. Ein Mann sollte nicht mehr als 85 g, eine Frau nicht mehr als 70 g Fett täglich essen.

a) Wie viel Gramm dieser Nahrungsmittel dürfte ein Mann bzw. eine Frau täglich höchstens essen? Trage deine Ergebnisse in eine Tabelle ein.

Fettgehalt:	
Leberwurst	40 %
Schokolade	31 %
Pommes frites	15 %
Kirschtorte	14 %
Kotelett	11 %
Milch	3,5 %
Vollkornbrot	1 %

b) Herr Paulus hatte folgendes Menü: 250 g Pommes frites, 180 g Kotelett, 400 g Milch. Wie viel Gramm Schokolade sind demnach noch erlaubt?

8

Größe in cm
150
100
50
0
5
10
15
20
Alter in Jahren

a) Welche Zuordnung wird im Schaubild dargestellt?

b) Beschreibe die Zuordnung in Worten.

c) Ist die Zuordnung proportional? Begründe.

Zuordnungen

Zuordnung, Funktion

In manchen Situationen verändert sich eine Größe in Abhängigkeit von einer anderen Größe. In solchen Fällen sagt man, dass es zwischen den beiden Größen einen Zusammenhang (eine Abhängigkeit oder Beziehung) gibt. Solche Zusammenhänge nennt man **Zuordnungen**.
Gibt es zu jedem **Eingabewert** genau einen **Ausgabewert**, so spricht man von einer **Funktion**.
Die Eingabegröße wird mit x bezeichnet. Die Ausgabegröße wird mit y bezeichnet.

Das Wasser eines Tauchbeckens wird abgelassen. Die Wasserstandshöhe hängt von der verstrichenen Zeit ab und nimmt pro Minute um 30 cm ab.
Hier besteht also eine Zuordnung *Zeit* → *Wasserstand*. Die Eingabegröße ist die Zeit, die Ausgabegröße ist der Wasserstand. Eine mögliche Eingabegröße wäre etwa eine Minute. Der zugehörige Ausgabewert ist die ursprüngliche Wasserhöhe minus 30 cm.

Darstellungsmöglichkeiten von Funktionen

Eine Zuordnung kann man z. B. beschreiben durch
- Tabellen,
- Texte,
- Pfeildiagramme,
- Säulendiagramme,
- Kreisdiagramme,
- Graphen (Schaubilder),
- Funktionsgleichungen.

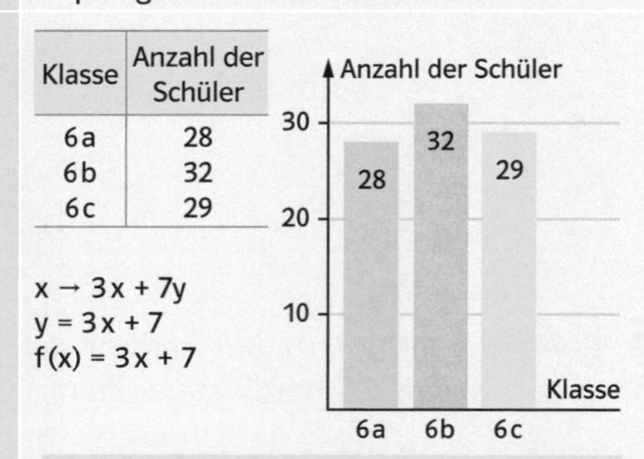

Klasse	Anzahl der Schüler
6a	28
6b	32
6c	29

$x \rightarrow 3x + 7y$
$y = 3x + 7$
$f(x) = 3x + 7$

Eine Einfachkarte zwischen Celle und Göttingen für die Bahn kostet 33,00 €. Eine Hin- und Rückfahrkarte ist doppelt so teuer.

Graph einer Funktion

Bildet man die Wertepaare aus Eingabe- und Ausgabewerten einer Funktion und stellt man sie als Punkte in einem Koordinatensystem dar, so erhält man den **Graphen** der Funktion. Die horizontale Achse des Koordinatensystems ist die x-Achse, die vertikale Achse ist die y-Achse.
Manchmal ist es sinnvoll, die Punkte durch eine Linie zu verbinden.

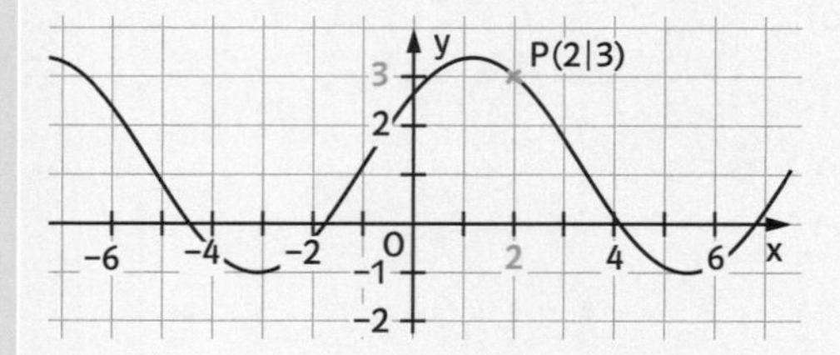

Gleichung einer linearen Funktion

Kann man die Gleichung einer Funktion in die Form $y = mx + b$ bringen, so spricht man von einer **linearen Funktion**.
Für $x = 0$ ist $y = m \cdot 0 + b = b$. Daher gibt b den **y-Achsenabschnitt** an. Verändert sich x um 1, so ändert sich y um $m \cdot 1 = m$. Daher gibt m die **Änderungsrate** oder **Steigung** an.

$y = m \cdot x + b$

proportionale Funktionen

Gehört bei einer Zuordnung zum Doppelten, zum Halben, zum Dreifachen, …, zum n-Fachen des Eingabewertes das Doppelte, die Hälfte, das Dreifache, …, das n-Fache des Ausgabewertes, so heißt sie **proportionale Zuordnung**.
Bei einer proportionalen Zuordnung sind die **Quotienten** einander zugeordneter Größen immer **gleich**. Die Zuordnungsvorschrift einer proportionalen Funktion hat die Form $x \rightarrow mx$, wobei m der Quotient $\frac{\text{Ausgabegröße}}{\text{Eingabegröße}}$ ist.
Die Punkte des Graphen einer proportionalen Zuordnung liegen auf einer Geraden durch den Ursprung.

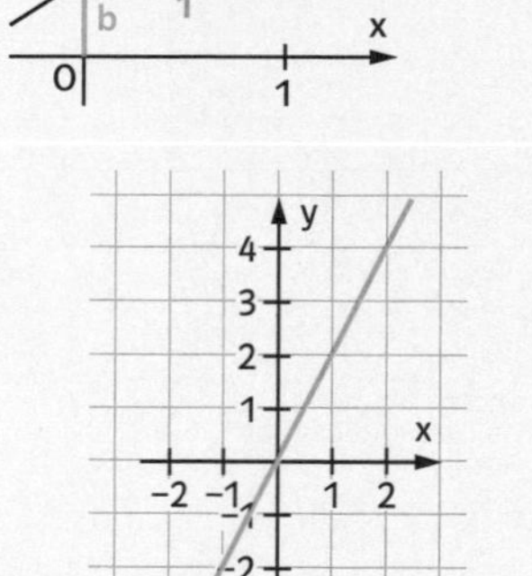

Dreisatz

Wenn zum Zweifachen; Dreifachen; Vierfachen … einer Eingabegröße das Zweifache; Dreifache; Vierfache … der Ausgabegröße gehört, kann man gesuchte Werte der Ausgabegröße mit dem **Dreisatz** bestimmen.
Man schließt zuerst durch Division auf die Einheit und dann durch Multiplikation auf das Vielfache.

1200 l Öl kosten 600 €. Wie viel kosten 1700 l?

	Heizölmenge in l	Preis in €	
	1200	600	
: 1200	1	0,5	: 1200
· 1700	1700	850	· 1700

1700 l Heizöl kosten 850 €.

antiproportionale Zuordnungen

Gehört bei einer Zuordnung zum Doppelten, zum Halben, zum Dreifachen, ..., zum n-Fachen der Eingabegröße die Hälfte, das Doppelte, ein Drittel, ..., der n-te Teil der Ausgabegröße, so heißt sie **antiproportionale (umgekehrt proportionale) Zuordnung**.
Bei einer antiproportionalen Zuordnung sind die **Produkte** einander zugeordneter Größen immer **gleich**. Die Zuordnungsvorschrift einer antiproportionalen Funktion hat die Form $x \mapsto \frac{p}{x}$, wobei p das Produkt von einander zugeordneten Größen ist.
Die Punkte des Graphen einer antiproportionalen Zuordnung liegen auf einer **Hyperbel**.

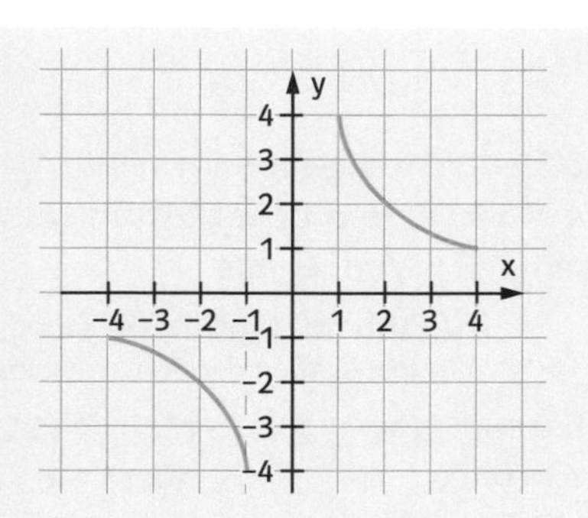

umgekehrter Dreisatz

Wenn zu einem Drittel; zur Hälfte; zum Zweifachen; zum Dreifachen; ... einer Eingabegröße das Dreifache; Doppelte; die Hälfte; ein Drittel; ... der Ausgabegröße gehört, kann man gesuchte Werte der Ausgabegröße mit dem **umgekehrten Dreisatz** bestimmen. Der Division der Eingabegröße entspricht die Mulitplikation der Ausgabegröße und umgekehrt.

Eine Radtour ist mit 7 Etappen zu je 60 km geplant. Die Gruppe hat aber nur 5 Tage Zeit.

Anzahl der Tage	Strecke in km
7	60
:7 → 1	420 (·7)
·5 → 5	84 (:5)

Die Tagesstrecke muss 84 km betragen.

lineare Gleichungssysteme

lineare Gleichungen mit zwei Variablen

Für lineare Gleichungen wie $-2x + y = 2$ mit den Variablen x und y gilt:
1. Jede Lösung besteht aus einem Zahlenpaar.
2. Es gibt unendlich viele Lösungen.
3. Die grafische Darstellung der Lösungen ist eine Gerade.

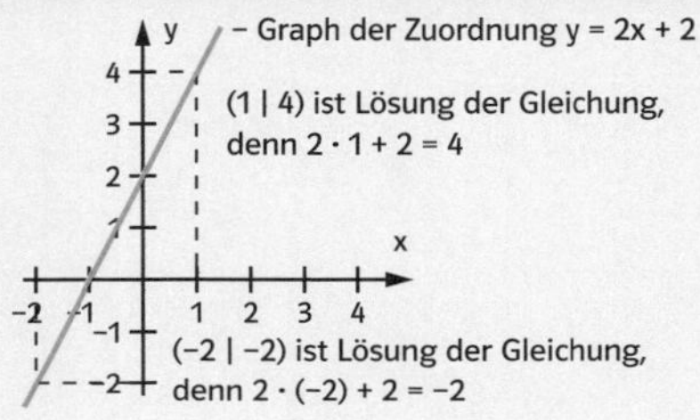
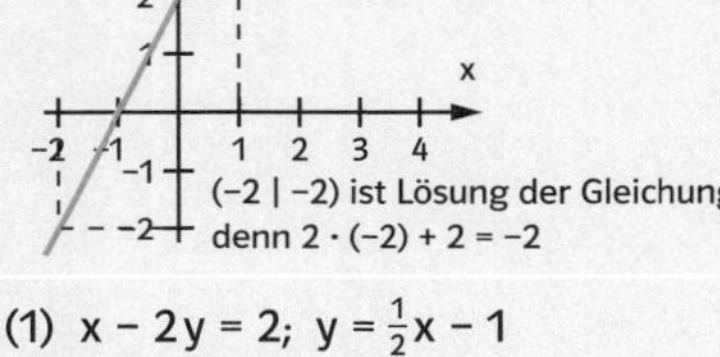

lineare Gleichungssysteme (LGS) mit zwei Variablen

Zwei lineare Gleichungen mit zwei Variablen bilden ein lineares Gleichungssystem **(LGS)**.
Eine gemeinsame Lösung der beiden Gleichungen heißt Lösung des LGS. Ein LGS hat entweder genau eine, keine oder unendlich viele Lösungen.

(1) $x - 2y = 2;\ y = \frac{1}{2}x - 1$
(2) $x + y = 5;\ y = -x + 5$

Lösen von LGS

Gleichsetzungsverfahren
Man löst beide Gleichungen des LGS nach derselben Variablen auf. Durch Gleichsetzen der Terme erhält man eine Gleichung mit einer Variablen.

Gleichsetzungsverfahren:
$\frac{1}{2}x - 1 = -x + 5$
$\frac{3}{2}x = 6$
$x = 4$
Einsetzen ergibt:
$y = -4 + 5 = 1$
$\mathbb{L} = \{(4 \mid 1)\}$

Additionsverfahren
Man formt beide Gleichungen so um, dass beim Addieren beider Gleichungen eine Variable wegfällt.

Einsetzungsverfahren
Man löst eine Gleichung nach einer Variablen auf und setzt diesen Wert der Variablen in die andere Gleichung ein.

Additionsverfahren:
(1) $3x + 5y = 10$
(2) $4x - 5y = 4$
(1) + (2): $7x = 14$
$x = 2$
Einsetzen ergibt:
$3 \cdot 2 + 5y = 10 \quad | -3 \cdot 2$
$5y = 4 \quad | :5$
$y = 0{,}8$
$\mathbb{L} = \{(2 \mid 0{,}8)\}$

Daten

1 Die Deutschen gaben im Winterhalbjahr (Oktober bis März) in den beliebtesten Urlaubsländern insgesamt 12,5 Mrd. € aus.

Urlaub im Winterhalbjahr
Reiseausgaben der Deutschen im Ausland

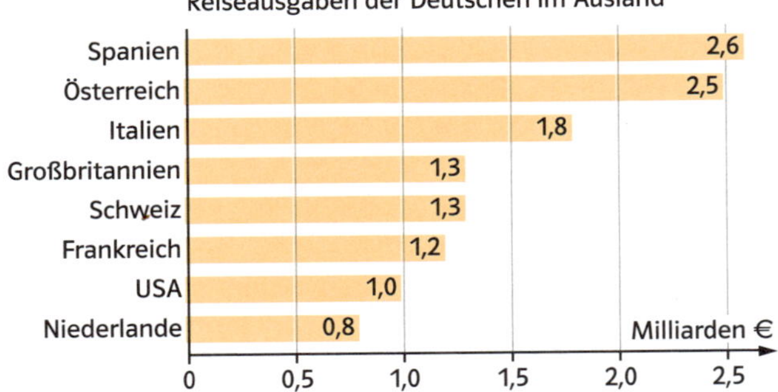

Berechne die relativen Häufigkeiten in Prozent. Stelle die Ergebnisse im Kreisdiagramm dar.

2 Die Schulterhöhe eines Schäferhundes liegt zwischen 55 und 65 cm. Züchter Hintzen wirbt damit, dass seine Schäferhunde besonders groß seien. Eine Messung ergab folgende Werte:
59; 58; 60; 58; 59; 58; 66; 67; 60; 64; 60; 58.

a) Bestimme den Mittelwert. Stimmt die Behauptung des Züchters? Begründe ausführlich.

b) Was ist der häufigste Wert?

c) Stimmt die Behauptung des Züchters, wenn man die zwei kleinsten Hunde weglässt? Begründe.

3 Die Umweltausgaben der Industrie stiegen in 10 Jahren von 8,1 Mrd. € auf 21,2 Mrd. €.

a) Um wie viel Prozent sind die Ausgaben in diesem Zeitraum gestiegen?

b) Was ist an der Darstellung falsch?

c) Welchen Eindruck soll diese Manipulation wohl bewirken?

4 Ein Diktat wird zurückgegeben und hat folgende Fehlerbewertung:

Fehler	0	1	2	3	4	5	6	7	8	9	10	11	12
Schüler	0	0	2	1	1	0	2	6	3	7	3	2	0

Der Lehrer stellt fest, dass er sich beim Diktat von Jörg vertan hat. Statt neun Fehlern hatte er sogar zwölf.

a) Bestimme für die ursprüngliche Liste Minimum, Maximum, Spannweite, Zentralwert und Mittelwert.

b) Bestimme anschließend für die korrigierte Liste die Kennwerte neu. Vergleiche diese Werte mit denen von a). Was stellst du fest?

Zufall

5 Wenn zwei Würfel die gleiche Augenzahl zeigen, bezeichnet man das als Pasch.
a) Berechne die Wahrscheinlichkeit, dass ein Pasch gewürfelt wird.

b) Wie groß ist die Wahrscheinlichkeit, dass kein Pasch gewürfelt wird?

6 In einer Lostrommel befinden sich Treffer und Nieten. Die genauen Zahlen sind nicht bekannt. Beantworte die folgenden Fragen. Gib jedes Mal ein einfaches Beispiel, das es möglich macht, deine Vermutung zu überprüfen.
a) Wie ändert sich die Gewinnwahrscheinlichkeit, wenn man die Anzahl der Nieten verdoppelt?

b) Wie ändert sich die Gewinnwahrscheinlichkeit, wenn man die Anzahl der Treffer verdoppelt?

c) Wie ändert sich die Gewinnwahrscheinlichkeit, wenn man die Anzahl der Treffer und der Nieten halbiert?

7 Von den 30 Mitgliedern einer deutschen Reisegruppe spricht jeder mindestens eine Fremdsprache. 20 sprechen englisch und 20 sprechen französisch. Der Busfahrer gehört nicht zur Reisegruppe. Zu Beginn der Reise kennt er keinen der Reisenden. Als der Fahrer in den Bus steigen will, begegnet er einem der Reisenden an der Bustür. Wie hoch ist die Wahrscheinlichkeit, dass diese Person:
a) englisch spricht?

b) keine Fremdsprache spricht?

c) englisch und französisch spricht?

8 Jeanne knobelt gegen Ben. Es gilt: Schere schlägt Papier, Stein schlägt Schere, Papier schlägt Stein. Bei gleichen Ergebnissen hat keiner gewonnen. Wie groß ist die Wahrscheinlichkeit, dass beim ersten Spiel keiner gewinnt? Erläutere.
Zeichne ein Baumdiagramm, um deine Überlegungen zu verdeutlichen.

Papier Schere Stein

Daten

1 An einer Realschule haben sich die Schülerzahlen in den letzten Jahren wie folgt verändert:

Jahr	98	99	00	01	02	03	04	05
Mädchen	333	340	323	319	302	299	301	303
Jungen	289	290	303	320	331	328	314	319

a) Vergleiche die Anzahl der Jungen und Mädchen für jedes Jahr.

b) Stelle dazu diese Werte in einem geeigneten Säulendiagramm dar.

c) Benenne die Vorteile deines Diagramms gegenüber der Tabelle.

2 An einer Umfrage beteiligten sich 6977 Mädchen und 5392 Jungen.
Von den Mädchen waren 899 und von den Jungen 1723 im Alter von 14 Jahren. Entscheide, ob folgende Aussage zutrifft oder nicht:
„Der Anteil der 14-jährigen Mädchen an der Gesamtzahl aller Mädchen war kleiner als der Anteil der 14-jährigen Jungen an der Gesamtzahl aller Jungen." Begründe.

3 Die 24 Schüler der Klasse 8a machten die folgenden Angaben zu ihrer Lieblingssportart. Sieben Schüler nannten Fußball, ein Drittel nannte Volleyball und 25% Badminton. Alle anderen Schüler wählten Basketball. Stelle das Wahlverhalten der Schüler in einem Kreisdiagramm dar.

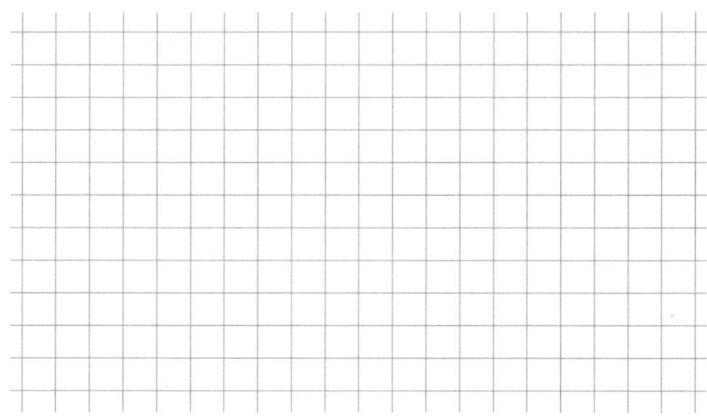

4 Betrachte die beiden Ranglisten.

0	0	7	7	7	8	8	8	9	11	12
0	2	2	2	3	8	12	12	12	12	12

a) Beschreibe ohne Rechnung, was die beiden Datenlisten gemeinsam haben und worin sie sich unterscheiden.

b) Bestimme für beide Listen Mittelwert, Spannweite und Zentralwert. Was stellst du fest?

c) Kennst du eine weitere Darstellungsweise, die die Unterschiede der beiden Ranglisten deutlich macht?

Zufall

5 In einer Lostrommel befinden sich dreimal so viele Nieten wie Treffer. Bestimme die Gewinnwahrscheinlichkeit. Begründe.

6 Das Glücksrad wird zweimal gedreht.
a) Wie groß ist die Wahrscheinlichkeit dafür, dass zweimal orange angezeigt wird? Begründe.

b) Mit welcher Wahrscheinlichkeit wird beim zweiten Drehen grau angezeigt? Begründe.

7 Hanna und Christoph würfeln mit zwei Würfeln. Hanna gewinnt, wenn die Augensumme höchstens 5 oder mindestens 10 ist. Wer hat die besseren Gewinnchancen? Begründe.

8 Bei einem Kinderfest kann man an einem Glücksrad Bonbons gewinnen.
a) Welche Ergebnisse können beim Drehen des Glückrads erzielt werden?

Gewinnplan:

Orange:	9 Bonbons
Grau:	5 Bonbons
Weiß:	2 Bonbons

b) Bestimme die Wahrscheinlichkeit für jedes Ergebnis.

9 Ein normaler Spielwürfel wird geworfen. Wie groß ist die Wahrscheinlichkeit
a) mindestens eine 3 zu würfeln?

b) weder eine 1 noch eine 6 zu würfeln?

10 Bestimme jeweils das Gegenereignis zu den folgenden Ereignissen:
a) Mit einem Würfel wird eine gerade Zahl gewürfelt.

b) Aus einem Skatspiel wird eine rote Karte gezogen.

c) Mit zwei Würfeln wird die Augensumme 10 gewürfelt.

Daten (1)

Urliste

Die Ergebnisse einer statistischen Erhebung können in einer Liste notiert werden, der sogenannten **Urliste**. Sie ist in der Regel ungeordnet.

In einer 10. Klasse mit 25 Schülerinnen und Schülern wird ermittelt, wie viele Bücher (außer für den Unterricht) jeder im letzten Jahr gelesen hat.
Urliste: 0; 3; 1; 3; 17; 5; 6; 9; 4; 1; 4; 3; 2; 0; 0; 4; 1; 3; 5; 12; 3; 6; 8; 1; 3

Rangliste

Eine Liste, in der die Ergebnisse der Größe nach sortiert sind, heißt **Rangliste**.

Rangliste: 0; 0; 0; 1; 1; 1; 1; 2; 3; 3; 3; 3; 3; 3; 4; 4; 4; 5; 5; 6; 6; 8; 9; 12; 17

Häufigkeitsliste

Gibt man zu jedem möglichen Wert der Liste an, wie oft er vorkommt, so erhält man eine **Häufigkeitsliste**.

Häufigkeitsliste:

Bücher	absolute Häufigkeit	relative Häufigkeit	relative Häufigkeit in %
0	3	0,12	12%
1	4	0,16	16%
2	1	0,04	4%
3	6	0,24	24%
4	3	0,12	12%
5	2	0,08	8%
6	2	0,08	8%
8	1	0,04	4%
9	1	0,04	4%
12	1	0,04	4%
17	1	0,04	4%

Häufigkeiten

Die Anzahl, mit der ein bestimmter Wert vorkommt, heißt **absolute Häufigkeit** des Wertes.
Der Anteil, den die absolute Häufigkeit an der Gesamtzahl der erhobenen Daten hat, heißt **relative Häufigkeit**.

relative Häufigkeit = $\frac{\text{absolute Häufigkeit}}{\text{Gesamtzahl}}$

Sechs Schüler lasen im letzten Jahr 3 Bücher. Die absolute Häufigkeit des Wertes „3 Bücher" ist also 6.
Die relative Häufigkeit dieses Wertes beträgt $\frac{6}{25} = 0{,}24 = 24\,\%$.

Diagramme

Mit **Diagrammen** kann man die erfassten Werte veranschaulichen.
In **Säulendiagrammen** kann man die absoluten Häufigkeiten der Werte der zugrunde liegenden Liste ablesen.
Kreis- oder **Streifendiagramme** machen deutlich, welchen Anteil ein Wert der zugrunde liegenden Häufigkeitsliste am Ganzen hat.

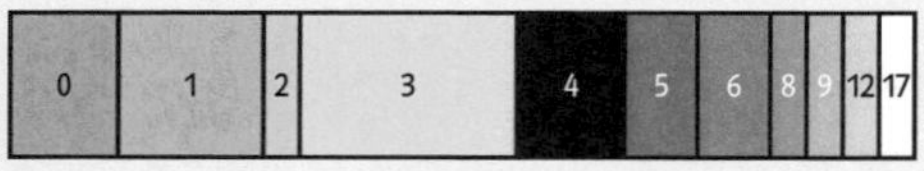

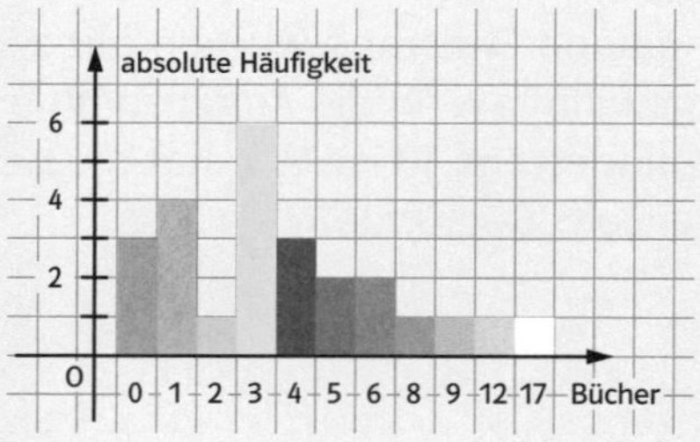

Kennwerte (1)

Der kleinste Wert einer Rangliste heißt **Minimum**, der größte **Maximum**. Die Differenz von Maximum und Minimum heißt **Spannweite**.
Die Spannweite ist ein Maß dafür, wie weit die Werte der Erhebung auseinander liegen, gelegentlich sorgt aber ein Ausreißer für eine große Spannweite.

0 Bücher sind das Minimum.
17 Bücher sind das Maximum.

17 Bücher − 0 Bücher = 17 Bücher
Die Spannweite beträgt 17 Bücher.

Die Summe aller Werte dividiert durch die Anzahl der Werte heißt **Mittelwert** oder **arithmetisches Mittel**.
Der Mittelwert ist ein Durchschnittswert.

$(3 \cdot 0 + 4 \cdot 1 + 1 \cdot 2 + 6 \cdot 3 + 3 \cdot 4 + 2 \cdot 5 + 2 \cdot 6 + 1 \cdot 8 + 1 \cdot 9 + 1 \cdot 12 + 1 \cdot 17) : 25 = \frac{104}{25} = 4{,}16$
Im Durchschnitt wurden rund 4 Bücher gelesen.

Daten (2)		
Kennwerte (2)	Der Wert in der Mitte einer Rangliste heißt **Zentralwert** oder **Median**. Hat die Rangliste eine ungerade Anzahl von Werten, so ist der mittlere Wert der Zentralwert. Hat die Rangliste eine gerade Anzahl von Werten, so bildet man den Mittelwert der beiden Werte in der Mitte.	Da die Liste 25 Werte enthält, liegt der Median an der 13. Stelle. Das entspricht 3 Büchern: 13 Schüler haben 3 Bücher oder weniger gelesen, und 13 Schüler haben 3 Bücher oder mehr gelesen.

Zufall		
Zufall, Zufallsexperiment	Ein Ereignis heißt **zufällig**, wenn es nicht mit Sicherheit vorausgesagt werden kann.	
Ergebnis	Bei einem **Zufallsversuch** werden die möglichen Ausgänge als **Ergebnisse** bezeichnet.	W Z WW WZ ZW ZZ Der Münzwurf mit zwei Münzen stellt einen Zufallsversuch dar.
mögliche Ergebnisse	Alle n Ergebnisse, die bei einem Zufallsversuch auftauchen können, heißen **mögliche Ergebnisse**.	Es gibt vier mögliche Ergebnisse: (WW), (WZ), (ZW), (ZZ), wobei Z für Zahl, W für Wappen steht. Für das Ereignis „mindestens ein Wappen werfen“ gibt es die drei günstigen Ergebnisse (WW), (WZ) und (ZW).
günstige Ergebnisse	Alle m Ergebnisse, die zum betrachteten Ereignis führen, heißen **günstige Ergebnisse**.	
Ereignis	Mehrere Ergebnisse kann man zu einem **Ereignis** zusammenfassen.	
Laplace-Wahrscheinlichkeit	Sind alle n möglichen Ergebnisse eines Zufallsversuchs gleich wahrscheinlich, so spricht man von einem **Laplace-Versuch** und berechnet die Wahrscheinlichkeit eines Ergebnisses durch die Formel $p = \frac{1}{n}$. Die Wahrscheinlichkeit eines Ereignisses E mit m günstigen Ergebnissen ist dann $p(E) = \frac{m}{n}$.	Jedes Ergebnis ist gleich wahrscheinlich und hat die Wahrscheinlichkeit $\frac{1}{4} = 25\%$. Die Wahrscheinlichkeit für das Ereignis „mindestens ein Wappen werfen“ beträgt $\frac{3}{4} = 75\%$.
Baumdiagramm	Besteht ein Zufallsversuch aus zwei Teilversuchen, so spricht man von einem **zweistufigen Zufallsversuch**. Ein **Baumdiagramm** veranschaulicht die möglichen zweistufigen Ergebnisse. Mithilfe des Baumdiagramms lässt sich die Wahrscheinlichkeit jedes zweistufigen Ergebnisses bestimmen.	Pfadregel E_1 E_2 E_3 E_4 E_5 E_6 E_7 E_8 E_9 Summenregel
Pfadregel	Die Wahrscheinlichkeit eines zweistufigen Ergebnisses ist gleich dem Produkt aus allen Wahrscheinlichkeiten entlang des **Pfades**, der im Baumdiagramm zu diesem Ergebnis führt.	
Summenregel	Zweistufige Ergebnisse können wieder zu Ereignissen zusammengefasst werden. Die Wahrscheinlichkeit des Ereignisses ist dann die Summe der zugehörigen Ergebniswahrscheinlichkeiten.	

Allgemeine Kompetenzen

Mathematisch argumentieren

Seite 4

1

Die Aufgabe untersucht die Eigenschaften von Prismen. Um zu klären, welche Eigenschaft ein Prisma haben kann, sollte man gezielt die Definition des Prismas in die Begründung einbeziehen.
a) Richtig. Laut Definition müssen Grund- und Deckfläche eines Prismas parallel zueinander sein.
b) Falsch. Dreieckige Prismen besitzen keine Seitenflächen, die parallel zueinander stehen.
Die Definition des Prismas sagt nur, dass die Seitenflächen Rechtecke sein müssen. Ob man unter diesen Rechtecken zwei findet, die parallel zueinander liegen, steht nicht fest. Die Definition lässt das offen. Man muss also prüfen, ob es Prismen geben kann, die gar keine zueinander parallelen Seitenflächen haben. Das tut man, indem man unterschiedliche Prismen zeichnet und sie untersucht. Man erkennt dann, dass Prismen, deren Grundfläche keine parallelen Seiten besitzen, auch keine parallelen Seitenflächen haben können. Hier einige Beispiele:

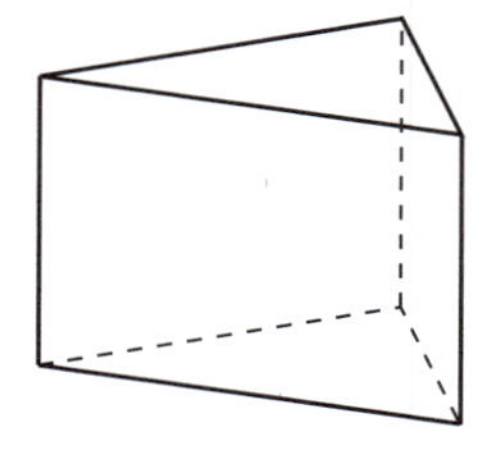
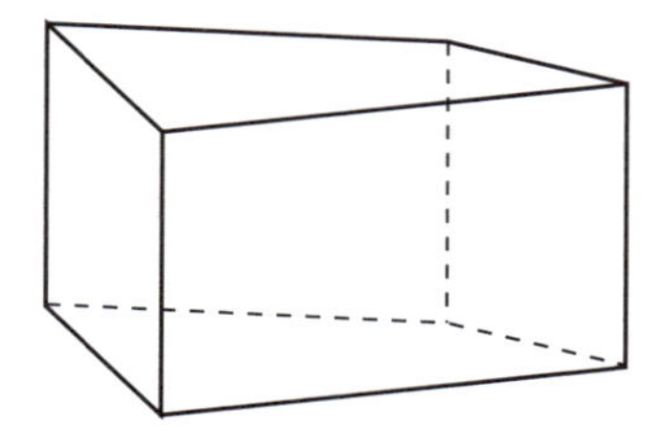

c) Falsch. Es gibt Prismen, die sogar überhaupt keine deckungsgleichen Seitenflächen haben.
Man geht wie bei Teilaufgabe b) vor. Die Definition des Prismas sagt nur, dass die Seitenflächen Rechtecke sein müssen. Ob manche, alle oder keine dieser Rechtecke deckungsgleich (d.h. kongruent) sind, ist völlig offen. Man muss also prüfen, ob es Prismen geben kann, deren Seitenflächen nicht deckungsgleich sind. Das tut man, indem man unterschiedliche Prismen zeichnet und sie untersucht. Man erkennt dann, dass manche Prismen deckungsgleiche Seitenflächen haben und andere nicht. Letztere sind Prismen, deren Grundflächen keine regelmäßigen Vielecke sind.
d) Richtig. Ein Würfel zum Beispiel ist ein Prisma, bei dem alle Seitenflächen deckungsgleich sind.

2

a) Florian denkt, dass $3(a + b) = 3a + b$ gilt. Hätte er recht, so müsste die Gleichung für beliebige Werte von a und b erfüllt sein. Um zu zeigen, dass er sich irrt, reicht es aus, zwei Werte von a und b zu finden, für die Florians Gleichung nicht stimmt. Man setzt zum Beispiel $a = 1$ und $b = 2$ in $3(a + b)$ und in $3a + b$ ein. Man erhält $3(a + b) = 9$ und $3a + b = 5$. Also können die Terme nicht gleich sein.
b) Erste Lösung. Das Distributivgesetz besagt, dass $a(b + c) = ab + ac$. Also gilt $3(a + b) = 3a + 3b$ und nicht $3(a + b) = 3a + b$. Florian hat das Distributivgesetz verletzt.

3

a) Die Definition muss so formuliert sein, dass jemand, der vorher das Wort „Viereck" noch nie gehört hat, allein mithilfe der Definition erkennen kann, ob eine gegebene Figur ein Viereck ist oder nicht.
Eine gültige Definition ist die folgende: „Vierecke sind Gebilde, die aus vier Eckpunkten und vier Strecken bestehen, die man in einem Zug nachzeichnen kann, sodass man dann wieder am Ausgangspunkt ist."
b) Ein Beispiel für eine gültige Definition ist: „Vierecke sind abgeschlossene Gebilde, die aus vier Eckpunkten und vier Strecken bestehen. Die Strecken dürfen sich nicht überschneiden."

4

a) Wenn ein Rechteck vier gleiche Seiten hat, dann nennt man es Quadrat.
b) Wenn eine Raute vier rechte Winkel hat, dann heißt sie Quadrat.
c) Wenn ein Drachen gleiche Seiten und gleiche Diagonalen hat, dann nennt man ihn Quadrat.
Die Formulierungen sind nicht eindeutig. Andere Antworten sind ebenfalls möglich.

5

Anna vermutet, dass $2x + 3y = 5xy$ eine allgemein gültige Formel ist. Annas Test bestätigt die Vermutung. Dieser Test beweist jedoch nicht, dass die Formel allgemein gültig ist.
Tests dieser Art sind nützlich, aber nicht ausreichend, um die Gültigkeit einer Formel zu prüfen. Aus einem oder sogar mehreren gelungenen Tests kann man niemals mit Sicherheit schließen, dass eine Formel allgemein gültig ist. Dagegen sind solche Tests hinreichend, um zu zeigen, dass eine solche Formel nicht allgemein gültig ist.
Setzt man $x = 1$ und $y = 2$ in die Terme ein, so erhält man $2x + 3y = 8$ und $5xy = 10$. Die Terme haben also nicht immer den gleichen Wert.

6

Als Erstes erzeugt man den Mittelpunkt des Dreiecks. Er ist der Schnittpunkt der Symmetrieachsen (das sind gleichzeitig die Mittelsenkrechten) des Dreiecks. Es ist hinreichend, zwei dieser Achsen zu zeichnen:

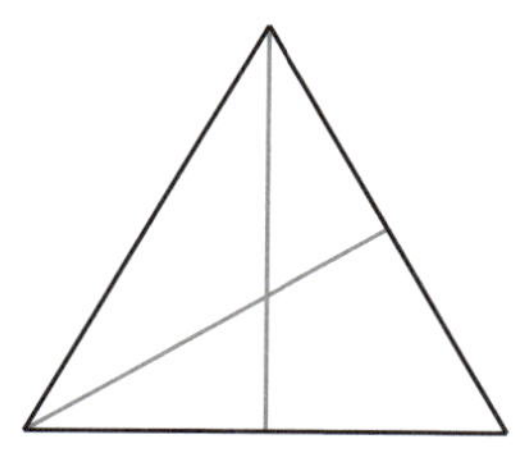

Anschließend zieht man durch den Mittelpunkt des Dreiecks Parallelen zu den Seiten des Dreiecks. Diese schneiden die Seiten des Dreiecks in sechs Punkten.

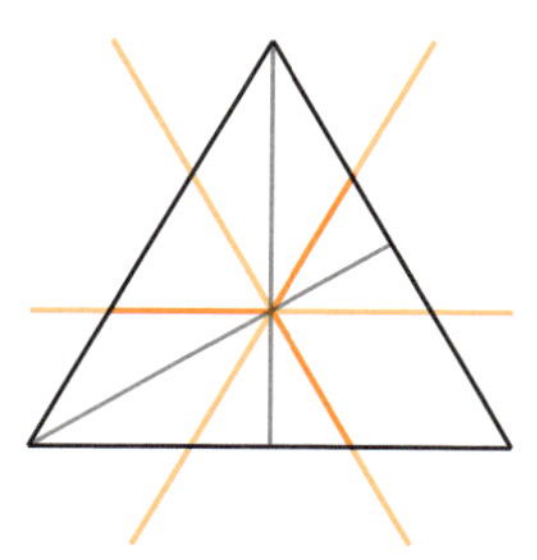

Nun verbindet man jeden zweiten dieser sechs Schnittpunkte mit dem Mittelpunkt und erhält die erwünschte Konstruktion.
Eine schöne „praktische" Lösung dieser Aufgabe lässt sich durch Falten erreichen: Man zeichnet ein gleichseitiges Dreieck auf ein dünnes Stück Pappe und schneidet das Dreieck aus. Nun löst man die Aufgabe, indem man das Dreieck entsprechend faltet und die Linien mit einem Stift nachzieht.

Seite 5

7

Ich stelle mir vor, ich teile die zweite Torte in 100 gleiche Teile ein. Davon behalte ich 99 für mich. Ein Hundertstel bleibt übrig. Da ein Hundertstel wesentlich kleiner als ein Zehntel ist, bekomme ich im zweiten Fall mehr von der ganzen Torte. Das bedeutet, dass $\frac{99}{100}$ näher an einem Ganzen liegen als $\frac{9}{10}$.

8

a) Für $n = 1$ erhält man $4n + 1 = 5$. Für $n = 2$ erhält man $4n + 1 = 9$. Beide Ergebnisse sind ungerade Zahlen.
b) Der Term $4n$ stellt ein Vielfaches von 4 dar. Da 4 gerade ist, muss auch jedes Vielfache von 4 gerade sein. Fügt man einer geraden Zahl 1 hinzu, so entsteht eine ungerade Zahl. Also sind die Werte von $4n + 1$ ungerade.
c) Es stimmt. Der Term $4n + 1$ erfasst nur die Zahlen 1; 5; 9; usw., aber nicht die Zahlen 3; 7; 11; usw. Der Term $4n + 1$ erfasst also nur jede zweite ungerade Zahl.
d) Beispiele sind: $2n + 1$; $2n - 1$; $2n + 3$; $6n - 13$.
Um die Werte solcher Terme leichter untersuchen zu können, ist es hilfreich, passende Tabellen zu erstellen, beispielsweise:

n	0	1	2	3	4	5	6	7	8
2n + 1	1	3	5	7	9	11	13	15	17
2n − 1	−1	1	3	5	7	9	11	13	15
2n + 3	3	5	7	9	11	13	15	17	19
6n − 13	−13	−7	−1	5	11	17	23	29	35

9

a) In einem Dreieck ist die Summe der Längen von zwei beliebigen Seiten immer größer als die Länge der verbleibenden Seite. Diese Bedingung ist hier verletzt, denn $a + b = 3 + 5 = 8$ und diese Summe ist kleiner als $c = 9$.
b) Klara hat ein Viereck mit den folgenden Seitenlängen gezeichnet: $a = 3\,cm$; $b = 4\,cm$; $c = 5\,cm$; $d = 80\,cm$. Kann das stimmen?

10

Die im Text angegebene Prozentzahl von etwa 90 % entspricht nicht dem im Text angegebenen Anteil.
Laut Text ist jeder neunte Deutsche zufrieden. Mit anderen Worten: einer von neun Deutschen ist zufrieden, das sind $\frac{1}{9}$ (rund 11 % der Deutschen).

11

a)

x	0	1	2	3	4	5	6	7	8
y	−2	1	4	7	10	13	16	19	22

b) Bei einer proportionalen Funktion müsste beispielsweise Folgendes gelten: Verdoppelt man den x-Wert, so verdoppelt sich auch der y-Wert. Das ist hier nicht der Fall.
Für proportionale Funktionen gilt allgemein: Vergrößert man den x-Wert um einen beliebigen Faktor k, so vergrößert sich auch der entsprechende y-Wert um den gleichen Faktor. Diese Bedingung ist hier nicht erfüllt.
Die angegebene Funktion ordnet dem x-Wert 1 den y-Wert 1 zu. Dem doppelten x-Wert (also 2) ordnet sie den y-Wert 4 zu. 4 ist aber nicht das Doppelte von 1. Die Funktion kann also keine proportionale Funktion sein.
Noch leichter erkennt man, dass die Funktion nicht proportional sein kann, wenn man berücksichtigt, dass jede proportionale Funktion durch den Ursprung geht, dass also für $x = 0$ auch $y = 0$ gelten muss.
c) Der Funktionsterm ist $3x - 2$.
d) Die Funktion ordnet jeder Zahl das Dreifache dieser Zahl vermindert um 2 zu.

Probleme mathematisch lösen

Seite 8

1

a) Setzt man für n die Zahlen 1; 2; 3 usw. in den Term ein, erhält man:
$n = 1$: $(1 + 1)^2 - 1^2 = 2^2 - 1^2 = 4 - 1 = 3$
$n = 2$: $(2 + 1)^2 - 2^2 = 3^2 - 2^2 = 9 - 4 = 5$
$n = 3$: $(3 + 1)^2 - 3^2 = 4^2 - 3^2 = 16 - 9 = 7$
$n = 4$: $(4 + 1)^2 - 4^2 = 5^2 - 4^2 = 25 - 16 = 9$
usw.
Man stellt fest, dass dabei die ungeraden Zahlen herauskommen. Das legt die folgende Regel nahe:

„Die Differenz der Quadrate von zwei aufeinanderfolgenden natürlichen Zahlen ist die Summe der zwei Zahlen."

b) Allgemein gilt nach der dritten binomischen Formel $a^2 - b^2 = (a - b)(a + b)$. In diesem Fall also:

$(n + 1)^2 - n^2 = ((n + 1) - n)((n + 1) + n)$

$= (n + 1) + n$.

2

a) $4b^2 + 4ab$ und $4b(a + b)$.

b) Sie legen die folgende Gleichung nahe:

$4b(a + b) = 4b^2 + 4ab$

c) $4b(a + b) = 4(b(a + b)) = 4(ab + b^2) = 4ab + 4b^2$

Hier wurden das Assoziativ-, das Kommutativ- und das Distributivgesetz benutzt.

3

a) Um die Aufgabe zu lösen, kann man eine Tabelle erzeugen:

Erste Zahl	Zweite Zahl	Summe
0	70	70
1	69	70
2	68	70
...	...	...
34	36	70
35	35	70
36	34	70
...	...	...
69	1	70
70	0	70

Berücksichtigt man die Reihenfolge der Zahlen, so gibt es 71 Möglichkeiten. Sieht man von der Reihenfolge der Zahlen ab, so sind es nur noch 36 Möglichkeiten.

b) Die Frage lautet: „Wie viele Zahlenpaare erfüllen beide Bedingungen?"

Die Gleichungen sind: $x + y = 70$ und $x^2 - y^2 = 144$

c) Man benutzt die dritte binomische Formel und erhält: $x^2 - y^2 = (x + y)(x - y) = 70(x - y) = 144$. Da 144 kein Vielfaches von 70 ist, hat diese Gleichung keine natürlichen Zahlen als Lösung.

4

a)

die Zahl	das Dreifache	das Fünffache	Differenz
0	0	0	0
1	3	5	2
2	6	10	4
3	9	15	6
4	12	20	8

Man erkennt daran, dass die gesuchte Zahl zwischen 3 und 4 liegt. Setzt man 3,5 für x ein, so erhält man:

die Zahl	das Dreifache	das Fünffache	Differenz
3,5	10,5	17,5	7

$x = 3{,}5$ ist die gesuchte Lösung.

b) Man muss viele Versuche machen. Der Weg ist umständlich.

c) Man bezeichnet die gesuchte Zahl mit x. Die Gleichung lautet $3x + 7 = 5x$

$3x + 7 = 5x \quad |-3x$

$7 = 2x \quad |:2$

$3{,}5 = x$

Seite 9

5

Anzahl Kinder	Anzahl Jungen	Anzahl Mädchen
7	x	7 − x

Nun kann man, ähnlich wie in Aufgabe 4, so lange ausprobieren, bis man die Lösung findet. Ein besserer Lösungsweg ist jedoch der folgende: Ein Junge hat $x - 1$ Brüder und $7 - x$ Schwestern. Zudem ist $7 - x$ das Doppelte von $x - 1$. Setzt man diese Terme gleich, so erhält man: $7 - x = 2(x - 1)$.

Diese Gleichung löst man wie folgt:

$7 - x = 2(x - 1) \quad |$ Termumformung

$7 - x = 2x - 2 \quad |+2$

$9 - x = 2x \quad |+x$

$9 = 3x \quad |:3$

$3 = x$

In der Familie gibt es drei Jungen und vier Mädchen.

6

Die Bedingungen lassen sich als Gleichungen schreiben:

(1) $\alpha + \beta + \gamma = 180°$ (Winkelsummensatz)

(2) $\beta = \alpha + 20°$

(3) $\gamma = 2\beta$

Man setzt den Wert von β aus (2) in (3) ein. Man erhält:

(4) $\gamma = 2(\alpha + 20°) = 2\alpha + 40°$

Nun setzt man den Wert von β aus (2) und den Wert von γ aus (4) in (1) ein und erhält: $\alpha + (\alpha + 20°) + (2\alpha + 40°) = 180°$

Man löst diese Gleichung:

$\alpha + (\alpha + 20°) + (2\alpha + 40°) = 180° \quad |$ Termumformung

$4\alpha + 60° = 180° \quad |-60°$

$4\alpha = 120° \quad |:4$

$\alpha = 30°$

Diesen Wert setzt man in (2) und in (4) ein und erhält so $\beta = 50°$; $\gamma = 100°$

7

Man geht davon aus, dass alle Pferde den gleichen Wert x haben.

a) Die erste Person hat also ein Vermögen von $300 + 6x$ Rupien. Die zweite Person hat ein Vermögen von $10x - 100$ Rupien. Da beide gleich vermögend sind, gilt $300 + 6x = 10x - 100$.

Man löst die Gleichung:

$300 + 6x = 10x - 100 \quad |+100$

$400 + 6x = 10x \quad |-6x$

$400 = 4x \quad |:4$

$x = 100$

Ein Pferd ist 100 Rupien wert.

b) In diesem Fall erhält man die Gleichung:

$300 + 6x = 3(10x - 100)$. Man löst die Gleichung:

$300 + 6x = 3(10x - 100) \quad |\text{Termumformung}$

$300 + 6x = 30x - 300 \quad |+300$

$600 + 6x = 30x \quad |-6x$

$600 = 24x \quad |:24$

$x = 25$

Ein Pferd kostet in diesem Fall 25 Rupien.

8

Die Behauptung ist falsch. Um das zu beweisen, reicht es aus, ein Viereck zu konstruieren, das die geforderte Eigenschaft nicht besitzt. Am einfachsten ist es, ein Parallelogramm, das kein Rechteck ist, zu erzeugen. Hier ist ein solches Beispiel:

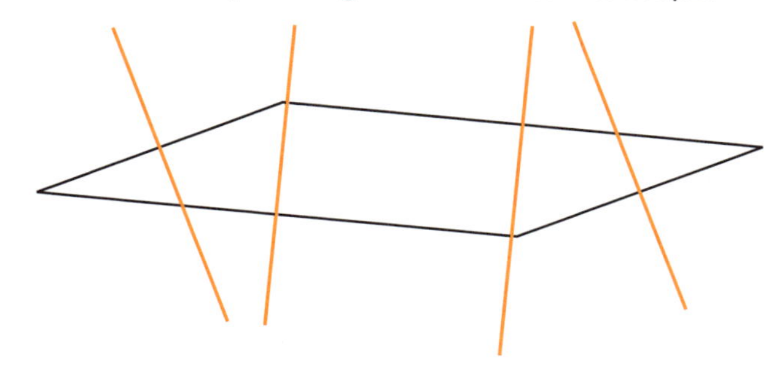

9

a) Zu A:

Erste Gleichung: Die Summe zweier Zahlen ist 10.

Zweite Gleichung: Die Differenz der Zahlen ist 7.

Zu B:

Erste Gleichung: Die Summe zweier Zahlen ist 10.

Zweite Gleichung: Das Doppelte einer Zahl ist um 14 größer als das Doppelte der anderen Zahl.

b) Zu A: Man benutzt das Additionsverfahren.

$2x = 17 \quad |:2$

$x = 8{,}5$

$y = 10 - 8{,}5 = 1{,}5$

Zu B: Man benutzt das Einsetzungsverfahren. Man löst die zweite Gleichung nach x auf und setzt dann den Wert von x in die erste Gleichung ein.

$2x = 2y + 14 \quad |:2$

$x = y + 7$

Diesen Wert setzt man in die erste Gleichung ein und erhält:

$y + 7 + y = 10 \quad |\text{Termumformung}$

$2y + 7 = 10 \quad |-7$

$2y = 3 \quad |:2$

$y = 1{,}5$

$x = 1{,}5 + 7 = 8{,}5$

Die Systeme haben die gleiche Lösung.

c) $x + y = 10$; $3x - 3y = 21$

d) Eine Methode ist folgende: Man behält eine der zwei Gleichungen und multipliziert die zweite Gleichung mit einer bestimmten, von Null verschiedenen Zahl. Allgemeiner lässt sich das wie folgt bewerkstelligen. Man führt beliebige Äquivalenzumformungen der gegebenen Gleichungen durch.

Mathematisch modellieren

Seite 12

1

Der Jordan fließt vom See zum Toten Meer, da das Meer tiefer liegt als der See.

2

Aussage A ist zutreffend, Aussage B ist es nicht.

$50\,700 + 100\,\% \cdot 50\,700 = 2 \cdot 50\,700 = 101\,400$

$420\,000 + 20\,\% \cdot 420\,000 = 1{,}2 \cdot 420\,000 = 504\,000$

Somit ist Aussage A zutreffend.

Der Verkauf von A hat sich innerhalb eines Jahres verdoppelt. In der gleichen Zeit stieg der Verkauf von B lediglich um den Faktor 1,2. Der Verkaufszuwachs von B ist also niedriger als der von A.

3

Im Maßstab 1:10 000 erhält man:

$\overline{BC} = a = 0{,}076\,m = 7{,}6\,cm$

$\overline{AC} = b = 0{,}047\,m = 4{,}7\,cm$

Die Konstruktion des Dreiecks ABC mit dem Winkel $\gamma = 83°$ erfolgt nach SWS-Konstruktion.

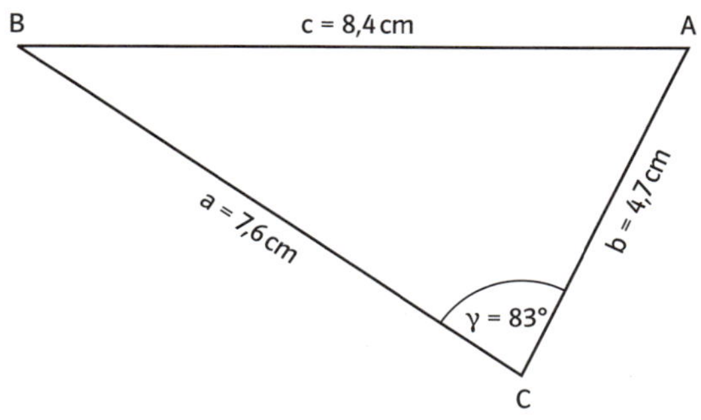

Die Länge des Sees beträgt in der Zeichnung 8,4 cm = 0,084 m. Das entspricht einer wirklichen Länge des Sees von $0{,}084\,m \cdot 10\,000 = 840\,m$.

4

a) Der Weg hat vier Abschnitte. Im ersten Abschnitt verläuft er eben, im zweiten Abschnitt steil nach oben. Im dritten verläuft er steil nach unten. Dabei wird die Ausgangshöhe des Weges unterschritten. Im letzten Abschnitt verläuft der Weg wieder bergauf, jedoch weniger steil als im ersten Abschnitt.

b)

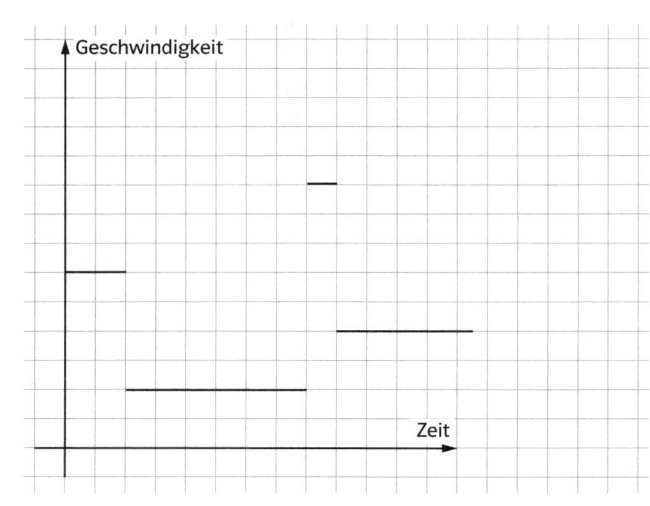

c)

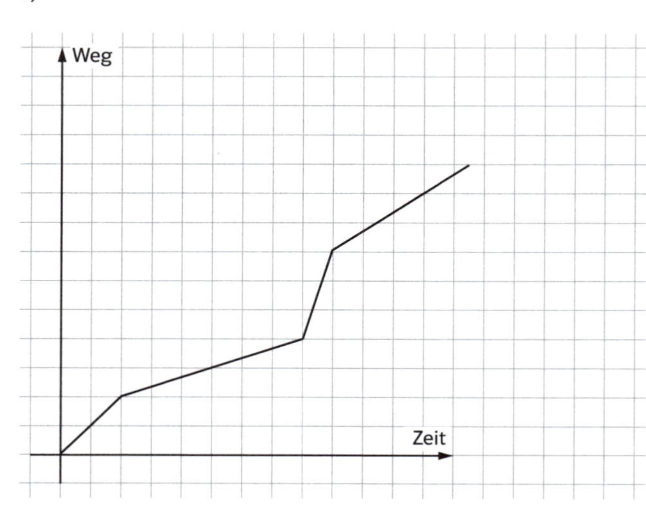

Seite 13

5

a) Der Graph muss eine Gerade sein. Um sie zu bestimmen, braucht man zwei Punkte. Als Erstes setzt man zum Beispiel $x = 0$ in die Gleichung ein. Man erhält $y = 5{,}5$. Ein Punkt hat also die Koordinaten $(0\,|\,5{,}5)$. Man setzt nun beispielsweise $y = 0$ in die Gleichung ein und erhält $x = 11$. Der zweite Punkt hat also die Koordinaten $(11\,|\,0)$.

Man skizziert ein Koordinatensystem, zeichnet die obigen Punkte ein und verbindet sie. Man erhält dann den folgenden Graphen:

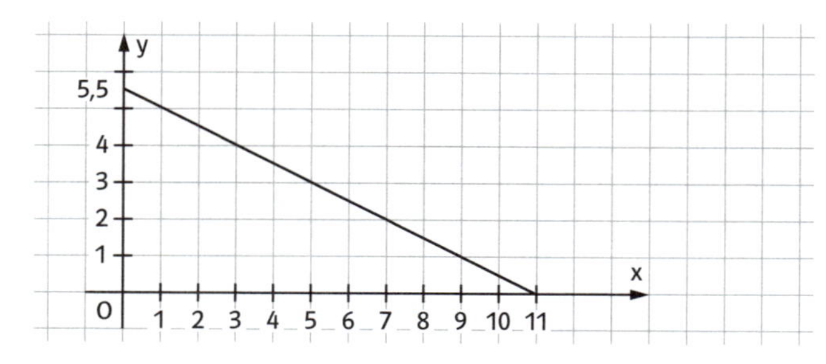

b)

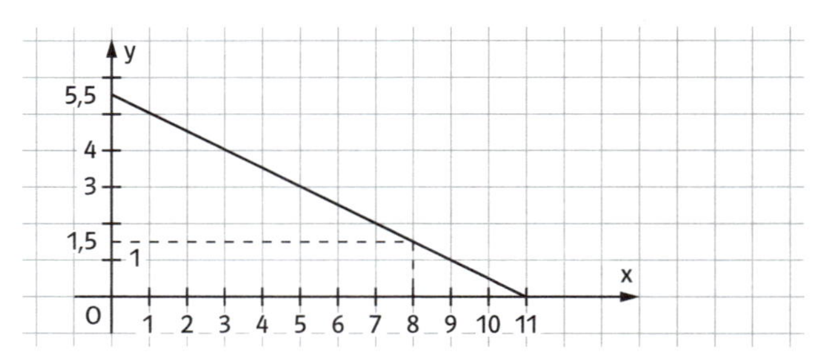

Durch den Punkt (8; 0) der x-Achse zeichnet man eine senkrechte Hilfslinie. Diese schneidet den Graphen der Zuordnung in einem Punkt. Die waagerechte Gerade durch diesen Punkt schneidet die y-Achse in dem Punkt mit den Koordinaten (0; 1,5). Den Wert 1,5 kann man direkt ablesen. Nach 8 s erreicht Elif eine Höhe von 1,5 m.

c) Man verfährt ähnlich wie bei b), nur dass man in diesem Fall als Erstes eine waagerechte Gerade durch den Punkt (0; 3,5) zeichnet. Elif braucht 4 s, um eine Höhe von 3,5 m zu erreichen.

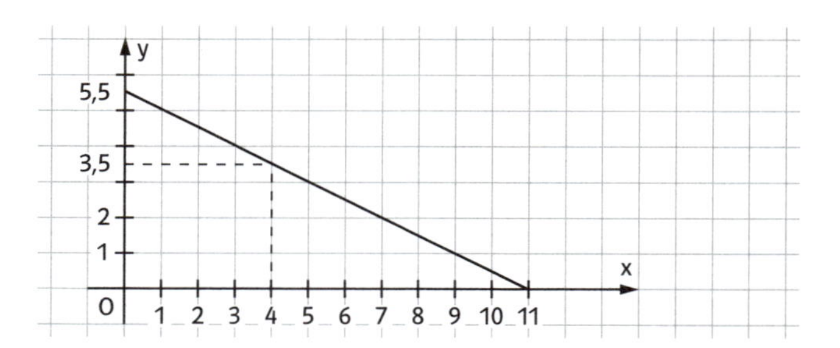

d) Man setzt 40 für x in die Gleichung ein und erhält $y = -20 + 5{,}5 = -14{,}5$. Nach 40 s hätte Elif eine Höhe von −14,5 m erreicht.

e) Das Ergebnis ist nicht sinnvoll, denn laut Graph erreicht Elif das Ende der Rolltreppe (die Höhe $y = 0\,\text{m}$) bereits nach 11 s.

6

a)

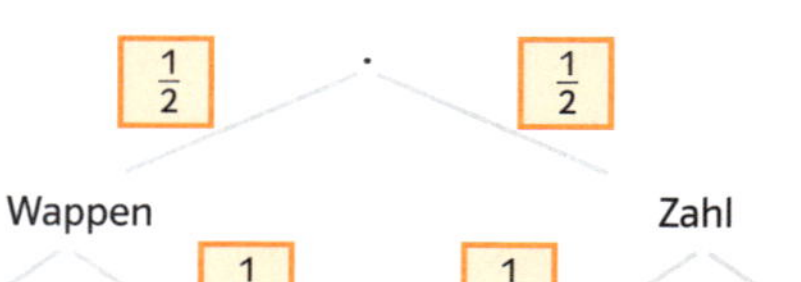

b)

Jeder Knotenpunkt verzweigt sich in zwei Pfade mit w und z jeweils. Auf jeder Verzweigung findet dann eine Halbierung der Wahrscheinlichkeit statt, Kopf oder Zahl zu werfen.

Die Wahrscheinlichkeit, nur Wappen oder nur Zahl zu werfen, ergibt sich aus der Summe der Wahrscheinlichkeiten an den Ästen WWW (1. Ast) und ZZZ (letzter Ast) zu $\frac{1}{2}\cdot\frac{1}{2}\cdot\frac{1}{2}+\frac{1}{2}\cdot\frac{1}{2}\cdot\frac{1}{2}$ $= \frac{2}{8} = \frac{1}{4} = 25\,\%$.

7

a) Die Zahl der angeschlossenen Grundstücke nahm um etwa $8000 - 2000 = 6000$ zu. Die Zunahme betrug also $\frac{6000}{2000} \cdot 100\,\% = 300\,\%$.
Die Zahl der Erkrankungen nahm um etwa $9 - 4 = 5$ Erkrankungen auf 10 000 Einwohner ab. Die Abnahme betrug also $\frac{5}{9} \cdot 100\,\% \approx 55{,}6\,\%$.
b) Es sind die Zuordnungen
- *Zeit ↦ Typhus-Sterbefälle auf 10 000 Einwohner*
- *Zeit ↦ Anzahl der angeschlossenen Grundstücke*

Unterschiede:
- Die erste Zuordnung ist in der Tendenz fallend. Die zweite ist steigend.
- Der Graph der ersten Funktion ist eine ununterbrochene Linie. Der Graph der zweiten ist hingegen ein Säulengraph.
- Die erste Zuordnung gehört zu der linken Skala (Krankheitsfälle pro 10 000 Einwohner), die zweite zur rechten (Anzahl der angeschlossenen Grundstücke in Tausend).

Inhaltsbezogene Kompetenzen

Leitidee Zahl | Komplexe Aufgaben

Seite 16

1

a) $(-28 - 21):7 = -7$
b) $(3 \cdot 5 + 9)(-2) = -48$
c) $(-2)(14 - 4) \cdot 5 = -100$

2

a)

x	y	$x^2 - 2xy + y^2$	$(x - y)^2$	$(x + y)^2$
2	3	1	1	25
3	2	1	1	25
−3	−2	1	1	25
0,5	−0,5	1	1	0
−1,5	−0,5	1	1	4

b) Eine Auffälligkeit ist, dass die Werte in der dritten und vierten Spalte identisch sind. Das liegt an der zweiten binomischen Formel $(x - y)^2 = x^2 - 2xy + y^2$. Ferner sind diese Werte alle gleich 1, was daran liegt, dass die Differenz $x - y$ für die gegebenen Zahlen stets 1 oder −1 ist und $1^2 = (-1)^2 = 1$ ist.
Drittens fällt auf, dass die ersten drei Ergebnisse der fünften Spalte identisch sind. Der Grund liegt in der Summe in der Klammer des Terms $(x + y)^2$. Anwendung des Kommutativgesetzes $(2 + 3 = 3 + 2)$ bzw. die Tatsache, dass $5^2 = -5)^2 = 25$ ist, erklären diese Auffälligkeit.

3

a) In einem Monat fallen 2 % Zinsen an.
$(100 : 5000 \cdot 100 = 2)$

b) Die Jahreszinsen betragen 1200 €. Der dazugehörige Zinssatz ist 24 %.

c) Der Jahreszinssatz muss deswegen immer angegeben werden, damit man eine einheitliche Dauer als Vergleichsgrundlage hat. Würde man die Zinssätze für verschiedene Zeiträume angeben, wäre ein Vergleich von Angeboten erschwert. Außerdem ist die Angabe des verhältnismäßig niedrigen Monatszinses irreführend.

4

a) $3x \cdot 4y + 2x \cdot (5 - y) = 12xy + 10x - 2xy = 10xy + 10x$
b) $4(3a - 7b) - 7(4b - 3a) + 3(7a - 4b)$
$= 12a - 28b - 28b + 21a + 21a - 12b = 54a - 68b.$
c) $72xy - 2(4y - (7y - 6x))(-12x)$
$= 72xy - 2(4y - 7y + 6x)(-12x)$
$= 72xy - 2(-3y + 6x)(-12x)$
$= 72xy + 24x(-3y + 6x) = 72xy - 72xy + 144x^2 = 144x^2$

5

a) Die Anzahl der 10-Cent-Stücke bezeichnet man mit x.
Der Term lautet $2x + 3$.
b) Man stellt eine Gleichung auf. Sie lautet $2x + 3 = 15$.
Man erhält:

$2x + 3 = 15 \quad | -3$
$2x = 12 \quad | :2$
$x = 6$

Jo hat $6 + 3 = 9$ Münzen.

6

a)

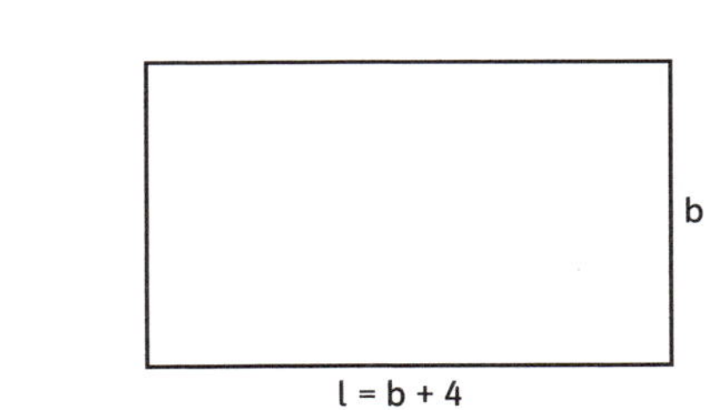

b) Der Term lautet
$2l + 2b = 21\,\text{cm}$ oder $2(b + 4) + 2b = 21\,\text{cm}$
c) Man löst die Gleichung $2(b + 4) + 2b = 21$

$2(b + 4) + 2b = 21 \quad |$ Termumformung
$2b + 8 + 2b = 21 \quad |$ Termumformung
$4b + 8 = 21 \quad | -8$
$4b = 13 \quad | :4$
$b = 3{,}25\,\text{cm}$

$l = b + 4 = 3{,}25 + 4 = 7{,}25$

Seite 17

7

Man bezeichnet mit x, y und z das jeweilige Alter der Brüder, wobei $x < y < z$. Es gelten die Bedingungen:
(1) $y = x + 3$ (2) $z = y + 5$ (3) $x + y + z = 32$
Aus (1) und (2) folgt
(4) $z = y + 5 = (x + 3) + 5 = x + 8$

Man setzt nun die Werte von y und z aus (1) und (4) in (3) ein und erhält: $x + (x + 3) + (x + 8) = 32$
Daraus folgt, dass $3x + 11 = 32$. Man subtrahiert auf beiden Seiten der Gleichung 11 und dividiert dann die Ergebnisse durch 3. Man erhält $x = 7$ Jahre. Daraus folgt $y = 10$ Jahre und $z = 15$ Jahre.

8

$(a + b + c)(d + e)$;
$a(e + d) + b(e + d) + c(d + e)$;
$d(a + b + c) + e(a + b + c)$;
$ae + ad + be + bd + ce + cd$.

9

a)
Erste Lösung: Die Antwort lautet beispielsweise: $\frac{751}{100}$; $\frac{752}{100}$; $\frac{753}{100}$.
Wie findet man solche Brüche? Man schreibt die gegebenen Brüche als Dezimalzahlen. Man erhält $\frac{3}{4} = 0{,}75$ und $\frac{4}{5} = 0{,}80$. Zwischen diesen Zahlen liegen beispielsweise 0,751; 0,752 und 0,753. Diese Dezimalzahlen kann man nun als Brüche darstellen.
Zweite Lösung: Die Antwort lautet beispielsweise
$\frac{151}{200}$; $\frac{152}{200}$; $\frac{153}{200}$.
Wie findet man solche Brüche? Man macht die Brüche gleichnamig: $\frac{3}{4} = \frac{15}{20}$; $\frac{4}{5} = \frac{16}{20}$. Dann erweitert man die Brüche mit einer hinreichend großen Zahl, beispielsweise mit 10. Man erhält: $\frac{3}{4} = \frac{150}{200}$; $\frac{4}{5} = \frac{160}{200}$.
b) Zuerst macht man die Brüche gleichnamig.
Dann erweitert man die Brüche mit einer hinreichend großen Zahl. Dadurch werden die Brüche „feiner“: Ihre Nenner bleiben gleich, ihre Zähler liegen jedoch stärker auseinander. Drittens wählt man nun Brüche, die den gemeinsamen Nenner der zwei Brüche als Nenner haben. Der Zähler dieser Brüche liegt nach der Erweiterung zwischen den Zählern der gegebenen Brüche.

10

Eine wiederholte Subtraktion ist eine Division. Man muss also lediglich 130 260 390 durch 13 dividieren. Das Ergebnis der Division ist die gewünschte Zahl. Wie aber dividiert man 130 260 390 am einfachsten durch 13?
$130\,260\,390 = 130\,000\,000 + 260\,000 + 390 = 13 \cdot 10\,000\,000 + 13 \cdot 20\,000 + 13 \cdot 30$. Das Ergebnis der Division ist also $10\,000\,000 + 20\,000 + 30 = 10\,020\,030$. Das Ergebnis der Division lässt sich natürlich auch direkt durch schriftliche Division ermitteln.

11

a) „Jeder fünfte Autofahrer“ bedeutet einen Anteil von 20 %, nicht 5 %. Außerdem ist $\frac{1}{10} < \frac{1}{5}$ und nicht umgekehrt, wie der Text suggeriert.
b) Die Angaben können nicht stimmen, denn 69 % + 52,4 % ergeben mehr als 100 %.

12

Die Höhe der Tanne in x Jahren beträgt 225 cm + 12x.
Die Höhe der Eiche in x Jahren beträgt 60 cm + 45x.
Also erhält man die Gleichung $225 + 12x = 60 + 45x$.
Löst man nun die Gleichung, so erhält man:
$225 + 12x = 60 + 45x \quad | -60$
$165 + 12x = 45x \quad | -12x$
$165 = 33x \quad | :33$
$x = 5$ Jahre

Leitidee Zahl | Grundfertigkeiten

Seite 18

1

a)

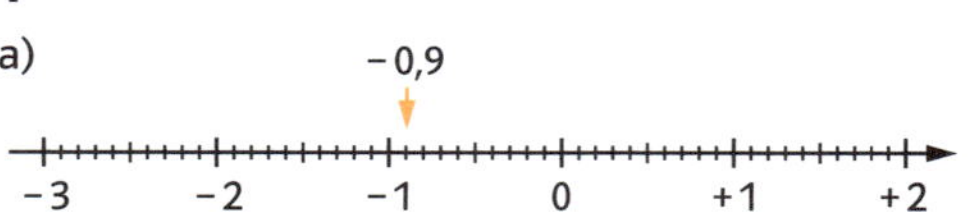

b)

2

a)
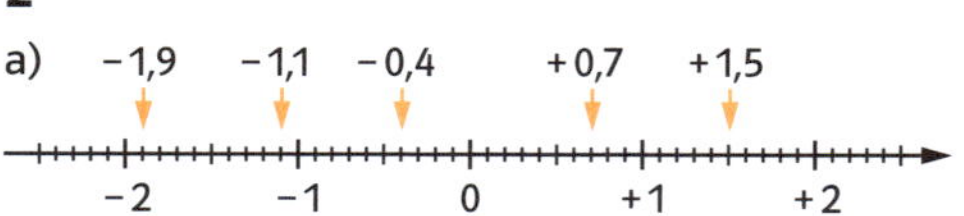

b)
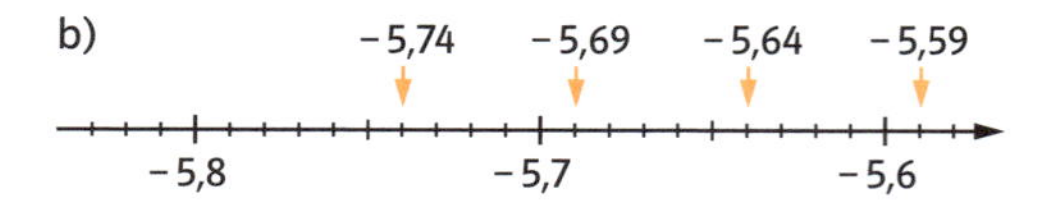

3

a) $21{,}9 + (-13{,}7 - (-15{,}1 + 10{,}6)) - 8{,}7$
$= 21{,}9 + (-13{,}7 + 4{,}5) - 8{,}7$
$= 21{,}9 - 9{,}2 - 8{,}7 = 12{,}7 - 8{,}7 = 4$
b) $-7{,}8 - (-44{,}4 - (-11{,}9 - 8{,}7)) - 18$
$= -7{,}8 - (-44{,}4 - (-20{,}6)) - 18$
$= -7{,}8 - (-44{,}4 + 20{,}6) - 18$
$= -7{,}8 - (-23{,}8) - 18 = -7{,}8 + 23{,}8 - 18 = 16 - 18 = -2$.

4

Zahl x	$+\frac{1}{4}$	$-\frac{2}{3}$	$+\frac{4}{5}$	$\frac{7}{8}$	$-\frac{3}{5}$	−3	−1
Gegenzahl von x	$-\frac{1}{4}$	$+\frac{2}{3}$	$-\frac{4}{5}$	$-\frac{7}{8}$	$+\frac{3}{5}$	3	1
Kehrbruch von x	4	$-\frac{3}{2}$	$\frac{5}{4}$	$+\frac{8}{7}$	$-\frac{5}{3}$	$-\frac{1}{3}$	−1

5

a) $(12 - 40)(-4) + (6(-15 + 13))$
$= (-28)(-4) + 6(-2) = 112 - 12 = 100$
b) $(-130):((183 - 13 \cdot 12) - 37) - 16$
$= (-130):((183 - 156) - 37) - 16$
$= (-130):(27 - 37) - 16 = (-130):(-10) - 16$
$= 13 - 16 = -3$

6

a) $a(x-3)+(x-3)b=(x-3)(a+b)$

b) $ax-bx+ay-by=x(a-b)+y(a-b)=(a-b)(x+y)$

c) $y^2+yz+zy+z^2=y(y+z)+z(z+y)=(y+z)(y+z)=(y+z)^2$

d) $16x^2-25y^2=(4x)^2-(5y)^2=(4x-5y)(4x+5y)$

7

Grundwert	50	1250	etwa 227
Prozentsatz	25%	10%	55%
Prozentwert	12,5	125	125

8

Prozentwert W = 1500 € monatlich, das entspricht 18 000 € jährlich.

Prozentzahl $p=\frac{31}{4}=7{,}75$

Grundwert G = ?

$G=W\cdot 100:p$

$=18\,000\cdot 100:7{,}75=$ ca. 232 258 €

Bei der Berechnung wurde der Prozentwert mit 12 multipliziert, denn die benutzte Formel enthält den Jahreszinssatz.

9

Nach der ersten Ermäßigung kosten die Schuhe nur noch 75% von 120 €, d.h. 90 €. Nach der zweiten Ermäßigung kosten sie nur noch 75% von 90 €, d.h. 67,50 €.

10

a) $\frac{1}{2}a+\frac{3}{4}b-\frac{1}{6}a+\frac{3}{8}b=a\left(\frac{1}{2}-\frac{1}{6}\right)+b\left(\frac{3}{4}+\frac{3}{8}\right)=a\left(\frac{3}{6}-\frac{1}{6}\right)+b\left(\frac{6}{8}+\frac{3}{8}\right)$
$=\frac{2}{6}a+\frac{9}{8}b=\frac{1}{3}a+1\frac{1}{8}b$

b) $11ab-4gh-20ab+5gh=-9ab+gh$

c) $36cd-54cdx=18cd(2-3x)$

Seite 19

11

a) **A** $u=4x+6x=10x$; **B** $u=12x$; **C** $u=4x+x=5x$; **D** $u=8x+4x=12x$

b) **A** u = 40 cm; **B** u = 48 cm; **C** u = 20 cm; **D** u = 48 cm

12

a) richtig, denn $x+x+x=3x$; $x+2x=3x$

b) richtig, denn $3a-2a+a=a+a=2a$

c) richtig, denn $a+b+2a+2b=a+2a+b+2b=3a+3b$

d) Falsch. Das sieht man am besten, wenn man für a eine Zahl in die Terme einsetzt und die Ergebnisse vergleicht. Setzt man $a=2$ ein, so erhält man: $3+a=3+2=5$ und $3a=6$. Die Werte sind verschieden.

e) Falsch. Setzt man $y=3$ in die Terme ein, so erhält man: $y+y=6$; $y^2=9$. Die Werte sind verschieden.

13

a) $3y+6=8 \quad |-6$
$3y=2 \quad |:3$
$y=\frac{2}{3}$

b) $14{,}8=16x+27{,}6 \quad |-27{,}6$
$-12{,}8=16x \quad |:16$
$x=-\frac{12{,}8}{16}=-0{,}8$

c) $\frac{2}{5}x-\frac{1}{10}=\frac{7}{10} \quad |+\frac{1}{10}$
$\frac{2}{5}x=\frac{8}{10} \quad |\cdot\frac{5}{2}$
$x=\frac{8}{10}\cdot\frac{5}{2}=2$

14

Man stellt zunächst einen Term zur Berechnung des Alters auf und berechnet diesen anschließend:

Sei x das Alter heute.

$x+7=\frac{3}{2}x \quad |-x$
$7=\frac{1}{2}x \quad |\cdot 2$
$x=14$

Gudrun ist jetzt 14 Jahre alt.

15

a) $3\cdot x+1=x+11$

b) $3\cdot x+1=x+11 \quad |-1$
$3\cdot x=x+10 \quad |-x$
$2\cdot x=10 \quad |:2$
$x=5$

c) Wird bei den Äquivalenzumformungen eine Zahl subtrahiert, so entspricht dies der Wegnahme einer entsprechenden Anzahl von Kugeln auf beiden Seiten der Waage. Subtrahiert man x, so nimmt man auf beiden Seiten der Waage ein Kästchen weg. Wird durch eine Zahl dividiert (zum Beispiel 2), so behält man nur den entsprechenden Anteil von Kugeln und Kästchen auf den beiden Seiten der Waage (im Beispiel die Hälfte).

Leitidee Messen | Komplexe Aufgaben

Seite 22

1

Ja. Beide haben den Flächeninhalt 5 × 4 Kästchen. Es ist möglich, die sternförmige Figur geschickt zu zerlegen und umzuformen, sodass daraus das Rechteck unten wird:

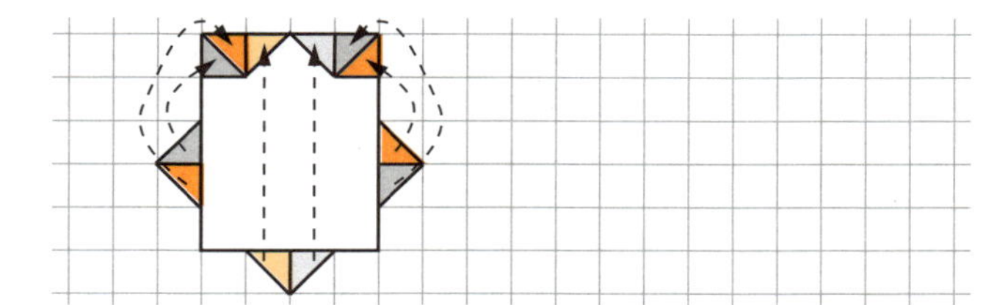

2

a) und b)

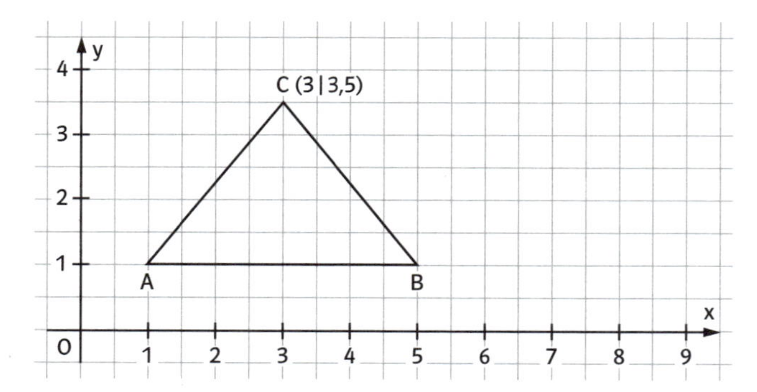

c) Für den Flächeninhalt von Dreiecken mit der Grundseite g und der Höhe h gilt die Formel $A = \frac{g \cdot h}{2}$. Da die Grundseite AB die Länge 8 Kästchen hat, ist es hinreichend, einen Punkt D so zu nehmen, dass der Abstand zwischen D und AB $\frac{20 \cdot 2}{8} = 5$ Kästchen beträgt. Die x-Koordinate von D ist also beliebig, die y-Koordinate muss 3,5 betragen, also D(x | 3,5).

3

a) Die Fläche besteht aus zwei gleichen, gleichschenkligen, rechtwinkligen Dreiecken. Die Kathete eines Dreiecks hat die Länge $(a + b) - b$. Der Flächeninhalt der Figur ist also a^2.
b) Die Fläche besteht aus vier gleichen, gleichschenkligen, rechtwinkligen Dreiecken. Die Grundseite eines solchen Dreiecks beträgt $(a + b) - 2b = a - b$. Legt man die vier Dreiecke zusammen, so hat man ein Quadrat, dessen Seitenlänge $a - b$ ist. Der Flächeninhalt eines Quadrates ist das Produkt der Seitenlängen. Die Antwort lautet also $(a - b)^2$.

4

Die kleinen Rechtecke sind gleich. Man erkennt dies an den angegebenen Seitenlängen. Der Flächeninhalt der abgedeckten Fläche beträgt $10 \cdot 14 + 2(10 \cdot 14 - 3 \cdot 4) = 140 + 2(140 - 12)$ $= 140 + 256 = 396\,m^2$.
Der Flächeninhalt der Grundstücksfläche beträgt $60 \cdot 30 = 1800\,m^2$.
Die gesuchte Prozentzahl ist $\frac{396}{1800} \cdot 100 = 22\,\%$.

5

Der Körper ist ein Prisma, dessen Grundfläche ein regelmäßiges Sechseck ist.
a) 10 cm in der Realität sind 1 cm im Modell. Die Maße des Modells sind also 2 cm für die Länge der Seite des Sechsecks und 3,5 cm für die Höhe des Prismas. Man erhält also folgende Grundfläche:

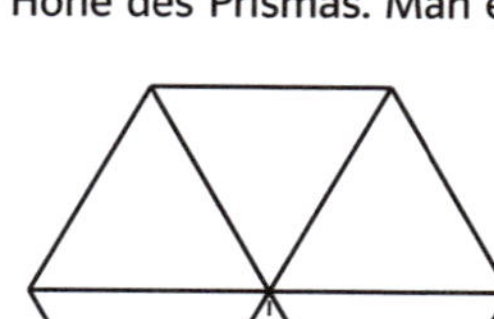

b) Erste Lösungsmöglichkeit: Die Höhe h des Dreiecks kann gemessen werden und beträgt 1,7 cm, also hat das Dreieck die Fläche $2\,cm \cdot 1{,}7\,cm : 2 = 1{,}7\,cm^2$.
Die Grundfläche des Sechsecks hat also den Flächeninhalt $6 \cdot 1{,}7\,cm = 10{,}2\,cm^2$.
Das Volumen des Kübels beträgt $3{,}5\,cm \cdot 10{,}2\,cm^2 = 35{,}7\,cm^3$.
Überträgt man die Maße nun zurück in die Originalgröße, so erhält man für das tatsächliche Volumen $35{,}7\,cm^3 \cdot 1000 = 35\,700\,cm^3$, das sind 35,7 l.
Zweite Lösungsmöglichkeit: Die Grundfläche ist ein Sechseck. Das Sechseck besteht aus sechs gleichseitigen Dreiecken. Die Seite des Dreiecks beträgt 20 cm. Man bestimmt die Höhe des Dreiecks. Dafür wendet man den Satz des Pythagoras an:

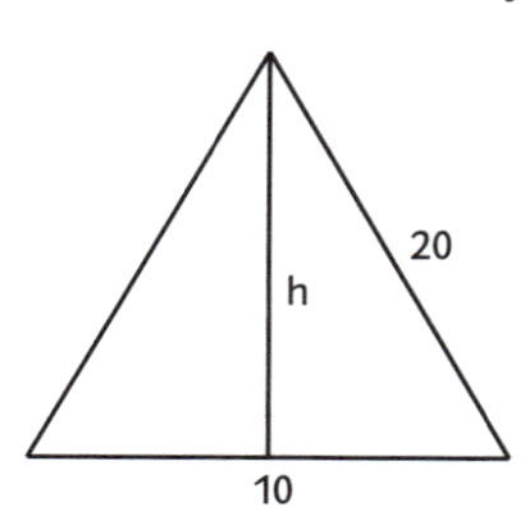

$h^2 + 10^2 = 20^2$;
$h^2 = 400 - 100 = 300$
$h = 10\sqrt{3} \cong 17\,cm$
Die Grundfläche des Sechsecks hat also den Flächeninhalt $6 \cdot \frac{20 \cdot 17}{2} = 1020\,cm^2$.
Das Volumen des Kübels beträgt also rund $1020 \cdot 35 = 35\,700\,cm^3 = 35{,}7\,dm^3 = 35{,}7\,l$.

Seite 23

6

	a)	b)	c)	d)
Umfang	18 cm	20 dm	20 cm	7,2 dm
Höhe	12 cm	1,5 m	35 mm	25 cm
Grundfläche	36 cm²	5,8 m²	12 cm²	4 dm
Mantel	216 cm²	3 m²	70 cm²	18 dm²
Oberfläche	288 cm²	14,6 m²	94 cm²	26 dm²
Volumen	432 cm³	8,7 m³	42 cm³	10 l

7

a) Alle Seiten des Rechtecks werden verdoppelt.

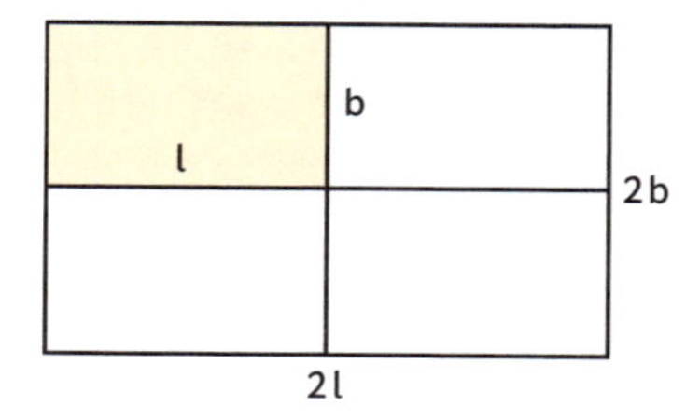

Dabei verdoppelt sich der Umfang. Die Oberfläche vervierfacht sich. Die gesuchten Werte sind also 24 cm und $32\,cm^2$.

b) Es ist die Umkehraufgabe zu a). Es ist nun klar, dass der Umfang halbiert und der Flächeninhalt um den Faktor 4 verkleinert wird. Die gesuchten Werte sind also 6 cm und 2 cm².

c) Die Seiten werden um den Faktor 1,5 vergrößert.

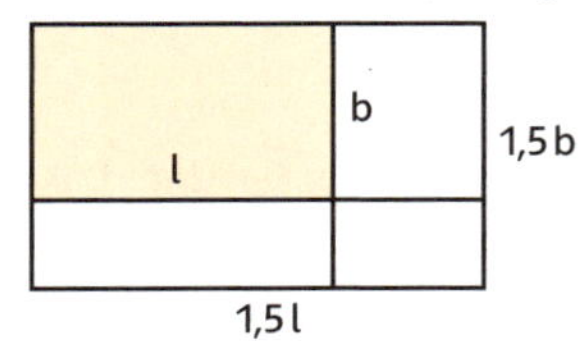

Der Umfang wächst ebenfalls um den Faktor 1,5. Der Flächeninhalt wächst um den Faktor $1{,}5^2 = 2{,}25$. Die gesuchten Werte sind also 18 cm und 18 cm².

d) Es ist die Umkehraufgabe zu c). Der Umfang wird um den Faktor 1,5 und der Flächeninhalt um den Faktor $1{,}5^2 = 2{,}25$ verkleinert. Die gesuchten Werte sind 8 cm und rund 3,56 cm².

8

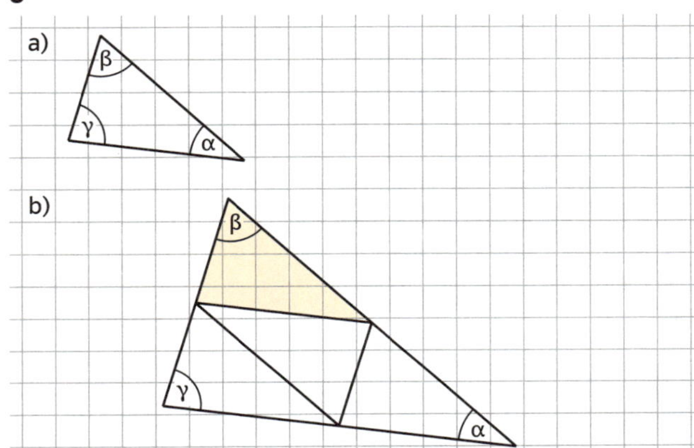

c) Damit der Flächeninhalt des neuen Dreiecks das Vierfache des Flächeninhaltes des ersten Dreiecks ist, muss man die Grundseite und die Höhe des ursprünglichen Dreiecks verdoppeln. Hier kann man wie folgt vorgehen: Man schneidet vier Dreiecke aus, die die Form des gegebenen Dreiecks haben. Diese legt man wie abgebildet aneinander. Man verdoppelt also die Seitenlängen und behält die Winkelgrößen bei.

9

a) Umfang = 18 a; Flächeninhalt = $18\,a^2$

b) Umfang = 18 a; Flächeninhalt = $15\,a^2$

10

Die Grundfläche des kleineren Prismas ist ein treppenförmiges Vieleck. Jede Stufe ist 1 cm höher als die vorige und jede Stufe ist 1 cm breit.

Man kann es in Rechtecke zerlegen:

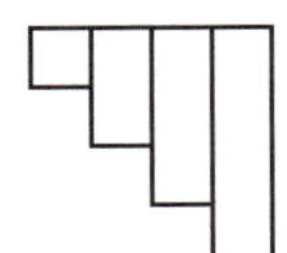

Das kleinste Rechteck hat den Flächeninhalt 1 cm². Die anderen drei haben die Flächeninhalte 2 cm², 3 cm² und 4 cm².

Die Grundfläche des kleineren Prismas hat also den Flächeninhalt $1 + 2 + 3 + 4 = 10\,\text{cm}^2$. Das Volumen dieses Prismas ist also 50 cm³. Das Volumen des zweiten Prismas beträgt $125\,\text{cm}^3 - 50\,\text{cm}^3 = 75\,\text{cm}^3$.

Leitidee Messen | Grundfertigkeiten

Seite 24

1

a	8 cm	3,2 m	6,5 cm
b	6 cm	6,4 m	25,2 cm
h_a	5,25 cm	5,2 m	27,9 cm
h_b	7 cm	2,6 m	7,2 cm
u	28 cm	19,2 m	63,41 m
A	42 cm²	16,64 m²	181,4 cm²

2

c	32 cm	58 m	7 m
h_c	45 cm	47 m	156 cm
A	720 cm²	13,63 a	5,46 m²

3

a	2,5 m	7,2 cm	1,8 m
c	0,9 m	5,4 cm	140 cm
h	2,8 m	3,5 cm	310 cm
A	4,76 m²	22,05 cm²	496 dm²

4

a) Die Figur besteht aus einem Rechteck und aus einem gleichschenkligen Dreieck. Das Rechteck hat den Flächeninhalt $6{,}4 \cdot 7{,}1\,\text{cm}^2 = 45{,}44\,\text{cm}^2$. Die Höhe des gleichschenkligen Dreiecks beträgt $17{,}4\,\text{cm} - 7{,}1\,\text{cm} = 10{,}3\,\text{cm}$. Daraus folgt der Flächeninhalt mit $\frac{10{,}3 \cdot 6{,}4}{2}\,\text{cm}^2 = 32{,}96\,\text{cm}^2$. Für die gesamte Figur erhält man: $45{,}44\,\text{cm}^2 + 32{,}96\,\text{cm}^2 = 78{,}4\,\text{cm}^2$.

b) Die Figur ist aus einem Trapez, einem Rechteck und einem rechtwinkligen Dreieck zusammengesetzt. Aus dieser Figur wurde ein Quadrat ausgestanzt.

Man erhält folgende Flächeninhalte:

Flächeninhalt Trapez: $A_T = \frac{(7{,}4 + 4{,}0)}{2} \cdot 3{,}6 = 20{,}52\,\text{cm}^2$

Flächeninhalt Rechteck: $A_R = 3{,}9 \cdot 7{,}4 = 28{,}86\,\text{cm}^2$

Flächeninhalt Dreieck: $A_D = \frac{5{,}2 \cdot 5{,}2}{2} = 13{,}52\,\text{cm}^2$

Flächeninhalt Quadrat: $A_Q = 3{,}9 \cdot 3{,}9 = 15{,}21\,\text{cm}^2$

Für den Flächeninhalt der Figur erhält man:

$20{,}52 + 28{,}86 + 13{,}52 - 15{,}21 = 47{,}69\,\text{cm}^2$.

5

Das Dach besteht aus zwei Dreiecken auf der Stirn- und der Rückseite und aus jeweils einem kleinen und einem großen Trapez auf der rechten und der linken Dachhälfte.

$A_{Dreieck} + A_{Trapez\ groß} + A_{Trapez\ klein} =$
$7{,}50\,m^2 + 56{,}29\,m^2 + 30{,}35\,m^2 = 94{,}14\,m^2$
$94{,}14\,m^2 \cdot 2 = 188{,}28\,m^2$
$188{,}28 \cdot 32{,}5\,€ = 6119{,}1\,€$
Die Kosten betragen rund 6119 €.

6

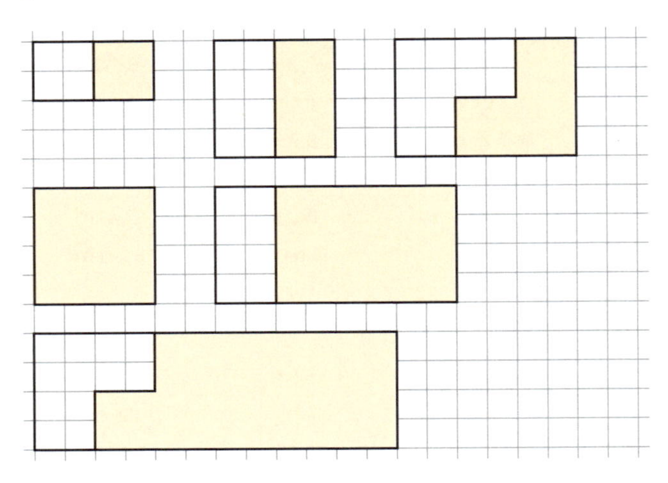

7

Der erste Schrank besteht aus zwei Quadern. Der zweite besteht aus einem Quader und einem dreieckigen Prisma.

a) $V_{Unterschrank} = 1{,}2 \cdot 0{,}8 \cdot 0{,}8\,m^3 = 0{,}768\,m^3$
$V_{Oberschrank} = 1{,}2 \cdot 1{,}2 \cdot 0{,}2\,m^3 = 0{,}288\,m^3$
$V_{Gesamt} = 0{,}768\,m^3 + 0{,}288\,m^3 = 1{,}056\,m^3$

b) $V_{Quader} = 1{,}6 \cdot 1{,}2 \cdot 0{,}6\,m^3 = 1{,}152\,m^3$
$V_{Prisma}\ \frac{0{,}8 \cdot 1{,}2}{2} \cdot 0{,}6\,m^3 = 0{,}288\,m^3$
$V_{Gesamt} = 1{,}15\,m^2 + 0{,}29\,m^2 = 1{,}44\,m^2$

Seite 25

8

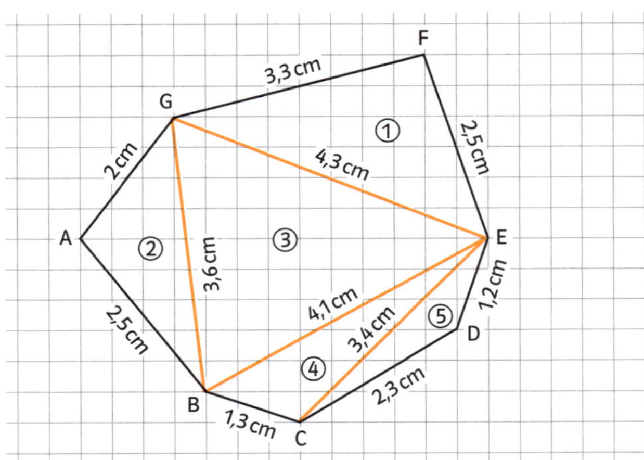

Umfang = 15,1 cm
Flächeninhalt:
Dreieck 1: $g = 4{,}3\,cm$; $h = 1{,}9\,cm$; $A = 4{,}09\,cm^2$
Dreieck 2: $g = 3{,}6\,cm$; $h = 1{,}4\,cm$; $A = 2{,}52\,cm^2$
Dreieck 3: $g = 4{,}3\,cm$; $h = 3{,}2\,cm$; $A = 6{,}88\,cm^2$
Dreieck 4: $g = 4{,}1\,cm$; $h = 0{,}9\,cm$; $A = 1{,}85\,cm^2$
Dreieck 5: $g = 3{,}4\,cm$; $h = 0{,}5\,cm$; $A = 0{,}85\,cm^2$
Der gesamte Flächeninhalt beträgt $16{,}19\,cm^2$.

9

Ein regelmäßiges Viereck ist ein Quadrat. Das Quadrat hat zwei senkrechte Durchmesser des Kreises als Diagonalen. Wir zeichnen den Kreis, dann zwei senkrechte Durchmesser und verbinden die Schnittpunkte der Durchmesser mit dem Kreis zu einem Quadrat. Es entstehen vier rechtwinklige gleichschenklige Dreiecke mit der Schenkellänge 2 cm.
Daher gilt $A_{Quadrat} = 4 \cdot A_{Dreieck} = 4 \cdot \frac{2 \cdot 2}{2}\,cm^2 = 8\,cm^2$

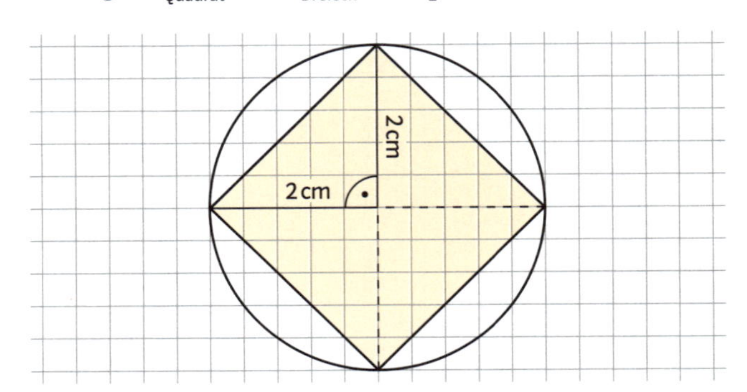

10

Der Trog ist ein Prisma. Die Grundfläche des Prismas ist ein Trapez. Das Volumen des Trogs beträgt
$\frac{30\,(25 + 40)}{2} \cdot 60\,cm^3 = 58\,500\,cm^3 = 58{,}5\,dm^3 = 58{,}5\,l$

11

Die Grundfläche des Trägers besteht aus drei Rechtecken, zwei kleinen und einem großen. Es gilt
$A_{klein} = 3 \cdot 25\,cm^2 = 75\,cm^2$
$A_{groß} = 4 \cdot 30\,cm^2 = 120\,cm^2$
$G = 2 \cdot 75\,cm^2 + 120\,cm^2 = 270\,cm^2$
Der Umfang der Grundfläche beträgt $u = 2 \cdot 30\,cm + 4 \cdot 3\,cm + 2 \cdot 25\,cm + 2 \cdot (25 - 4)\,cm = (60 + 12 + 50 + 42)\,cm = 164\,cm$.
Die Mantelfläche des Trägers berechnet man nach der Formel Umfang · Höhe, also gilt: $M = 164 \cdot 500\,cm^2 = 82\,000\,cm^2$.
Die zu streichende Fläche beträgt insgesamt
$M + 2G = 82\,000\,cm^2 + 540\,cm^2 = 82\,540\,cm^2 \approx 8{,}25\,m^2$.

12

Da ein Quader ein besonderes Prisma ist, kann man das Volumen eines Quaders nach der Formel $V = G \cdot h$ berechnen. Das Volumen soll $1\,l = 1000\,cm^3$ betragen, die neue Grundfläche beträgt $10\,cm \cdot 5\,cm = 50\,cm^2$.
Setzt man diesen Wert in die Formel ein, so erhält man für die Höhe h: $1000\,cm^3 = 50\,cm^2 \cdot h$
$h = 20\,cm$
Also muss die Höhe des Quaders mindestens 20 cm betragen, damit ein Liter Flüssigkeit hineinpasst.

Seite 28

1

a) $\alpha = 80°$; $\beta = 80°$; $\gamma = 80°$

b) Zum gegebenen Winkel ist α ein Stufenwinkel. β ist ein Stufenwinkel zu α. γ ist ein Scheitelwinkel zu β.

2

$\gamma = (180° - 30°) : 2 = 75°$

$\delta = (180° - 75°) : 2 = 52{,}5°$

$\alpha = 180° - 30° - (180° - \delta) = 180° - 30° + 180° + 52{,}5° = 22{,}5°$

3

Um die Lösungen zu erhalten, muss man durch jeden Eckpunkt des Dreiecks die Parallele zur jeweils gegenüberliegenden Seite zeichnen. Die Parallelogramme sind ABMC, ACBP und ABCN.

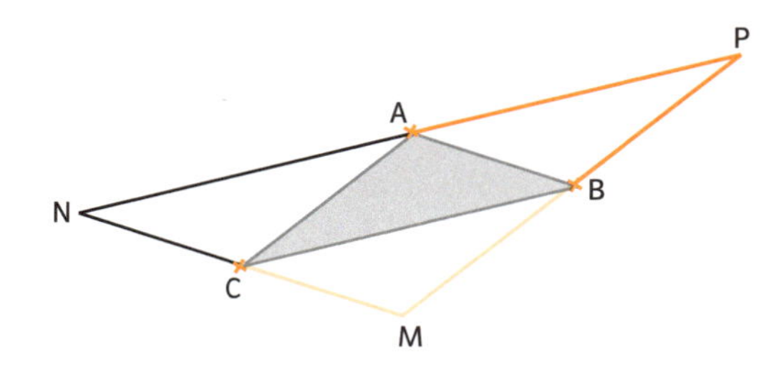

4

Um eine Lösung zu erhalten, muss man das Dreieck an der Mittelsenkrechten einer Seite spiegeln.

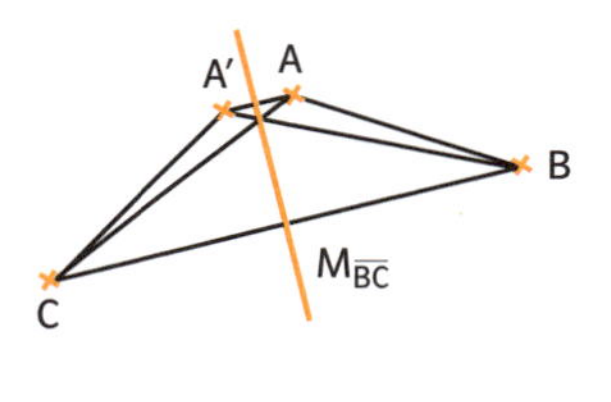

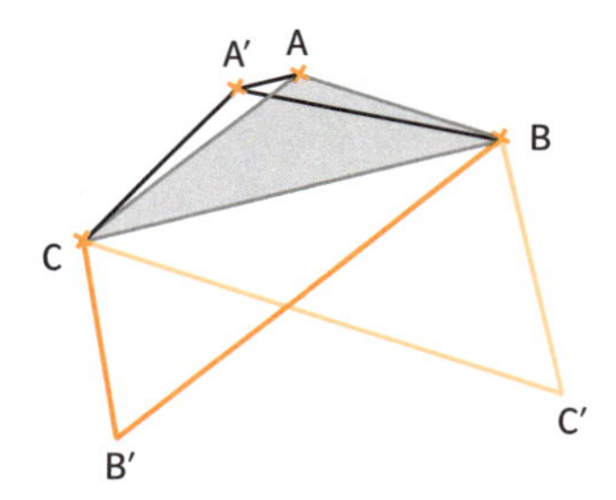

5

Quadrat: ACEG

Parallelogramme: BCFG; DEHI; MOJK

gleichschenklige Dreiecke: CID; IDG

rechtwinklige Dreiecke: ABG; ACI; CEF; DEG; EGH

symmetrisches Trapez: CEHI

Drachen: ABLI; DNFE; LCEG; NCAG; ICFG

Raute: CLGN

6

Die Umfänge werden, von links nach rechts betrachtet, immer größer, denn die Breite bleibt gleich und die Seiten rechts und links werden länger. Die Flächeninhalte verändern sich jedoch nicht, denn alle Figuren sind Parallelogramme. Der Flächeninhalt eines Parallelogramms ist $G \cdot h$. Die gegebenen Parallelogramme haben die gleiche Grundseite und die gleiche Höhe.

Seite 29

7

a)

α	β	γ	δ
25°	105°	65°	165°

b) Die Summe der Innenwinkel im Viereck ist 360°. Man rechnet also $360° - 25° - 105° - 65° = 165°$.

c)

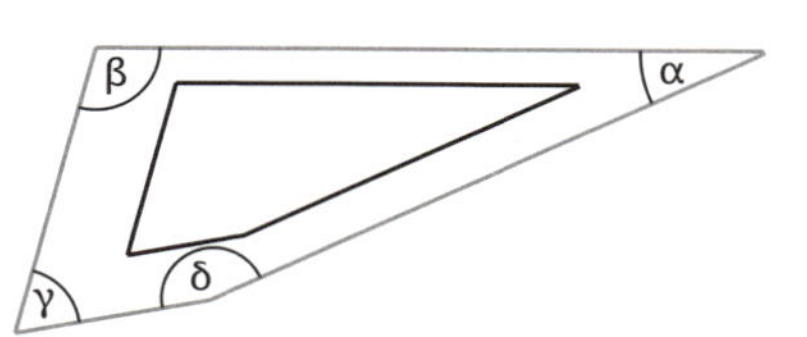

d) Die Seitenlängen unterscheiden sich, allerdings alle um den gleichen Faktor.

8

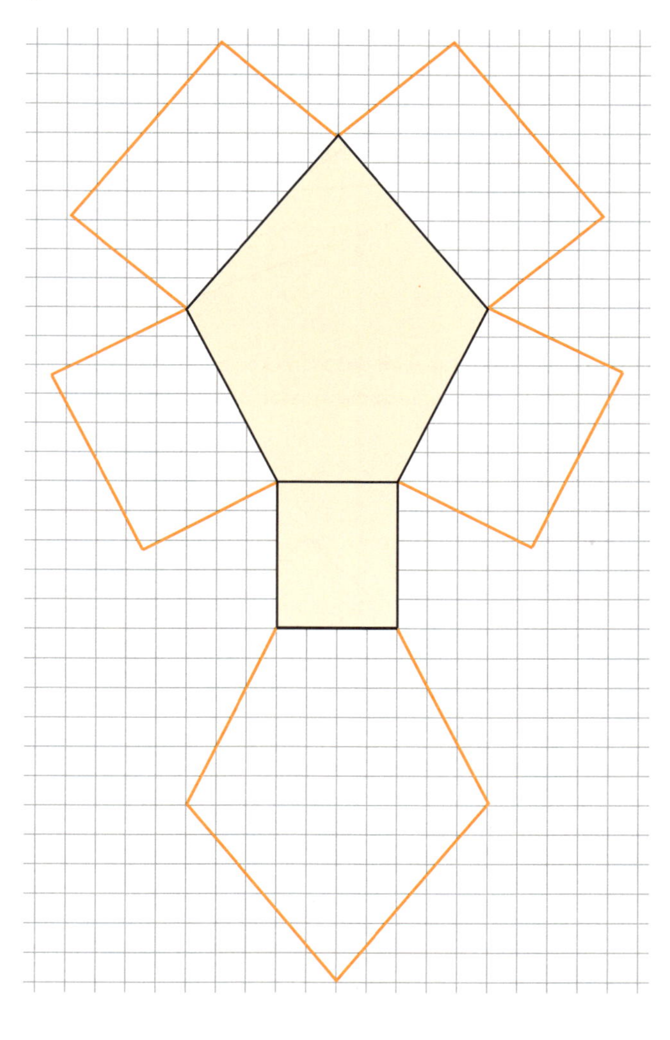

9

a)

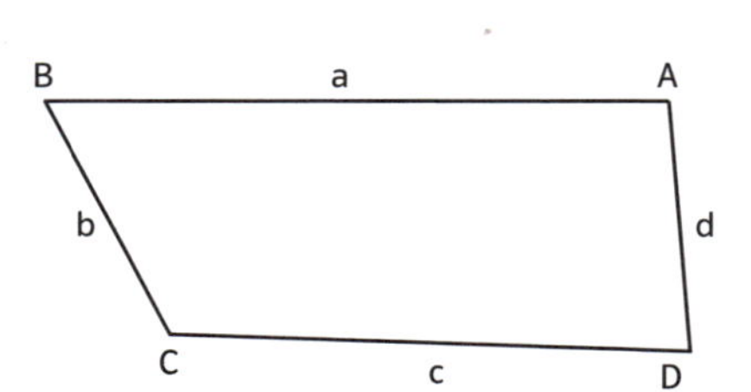

Es gibt mehrere Möglichkeiten. Man kann die Winkelgrößen ändern:

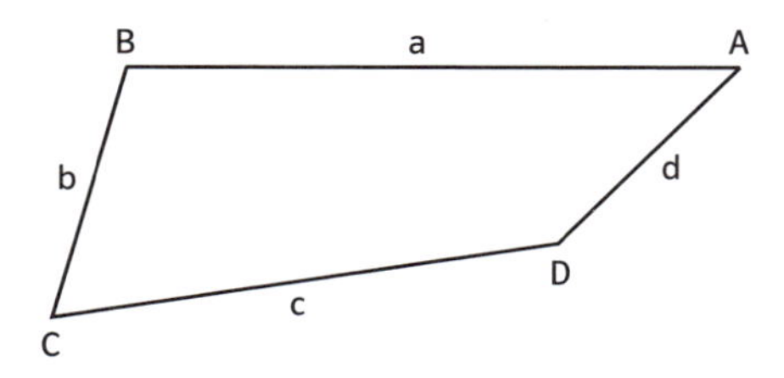

b) Hier gibt es nur eine Möglichkeit.

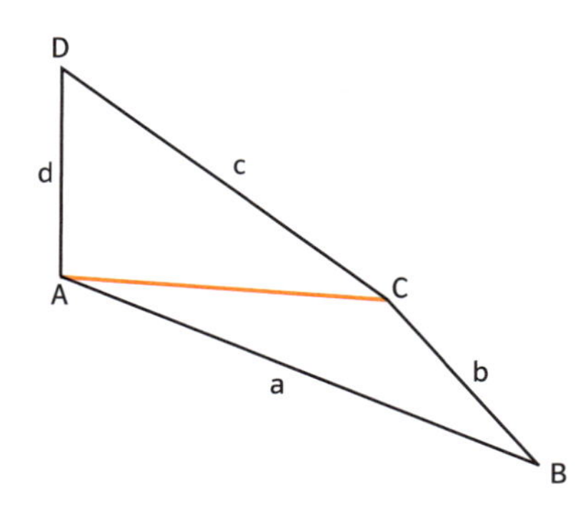

c) Durch die Diagonale wird das Viereck in zwei Dreiecke aufgeteilt. Ein Dreieck ist durch die Angabe dreier Seitenlängen bestimmt.

10

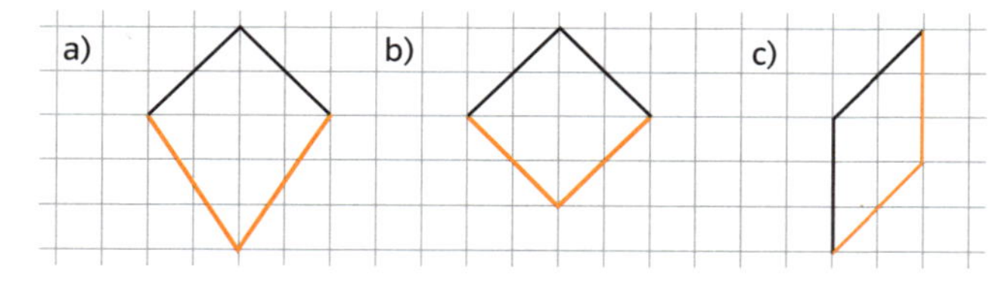

Raum und Form | Grundfertigkeiten

Seite 30

1

	A	B	C	D
Parallelogramm	(2 | 1)	(7 | 1)	(9 | 5)	**(4 | 5)**
symm. Trapez	(1 | 0)	(6 | 0)	(5 | 3)	**(2 | 3)**
Drachen	(1 | 3)	(6 | 1)	(7 | 3)	**(6 | 5)**

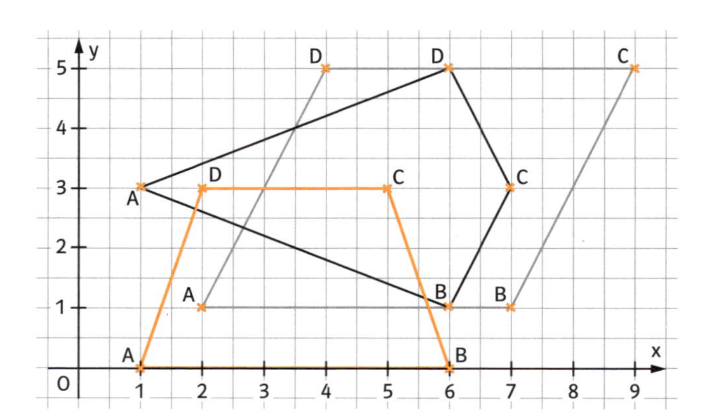

2

	a)	b)	c)	d)
α	145°	101°	80°	20°
β	35°	79°	60°	130°
γ	145°	101°	100°	130°

3

	a)	b)	c)	d)
α	65°	25°	28°	42°
β	25°	30°	62°	42°

4

Mögliche Lösungen:

a) gleichseitiges Dreieck: Alle Seiten und alle Winkel sind gleich groß.

b) gleichschenkliges Dreieck: Zwei Seiten und zwei Winkel sind gleich groß.

c) rechtwinkliges Dreieck: Ein Winkel beträgt 90°.

d) Rechteck: Alle Winkel betragen 90°. Gegenüberliegende Seiten sind gleich lang.

e) Quadrat: Alle Winkel betragen 90° und alle Seiten sind gleich lang.

f) Drachen: Durch zwei diagonale Ecken läuft eine Symmetrieachse. Daher sind je zwei benachbarte Seiten gleich lang.

a) 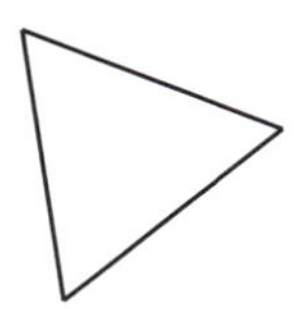 b)  c) 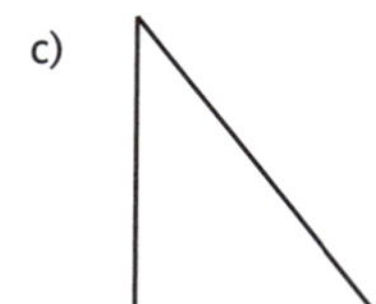

d) 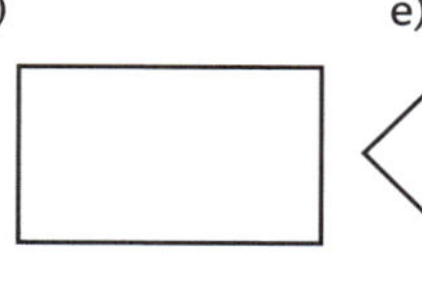 e) 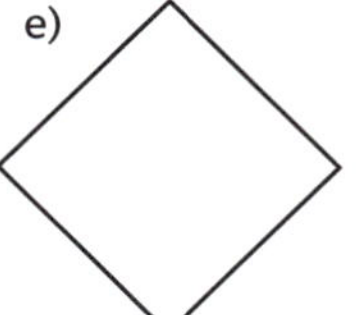 f) 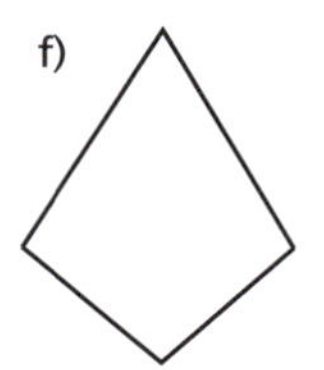

Weitere Vierecke sind Raute, Trapez, Parallelogramm.

5

a)

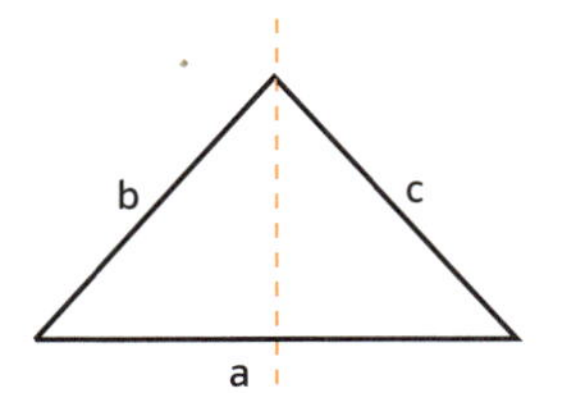

b)

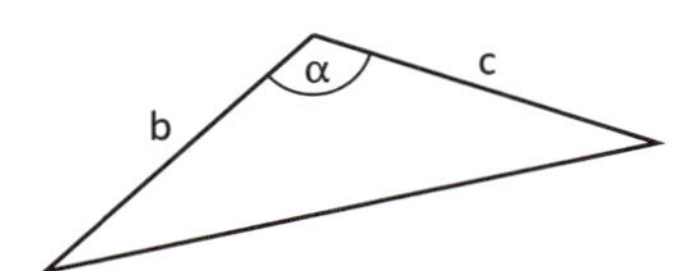

Seite 31

c)

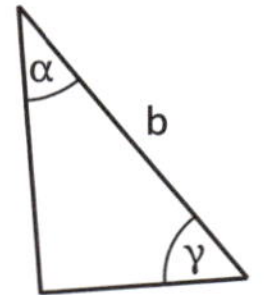

6

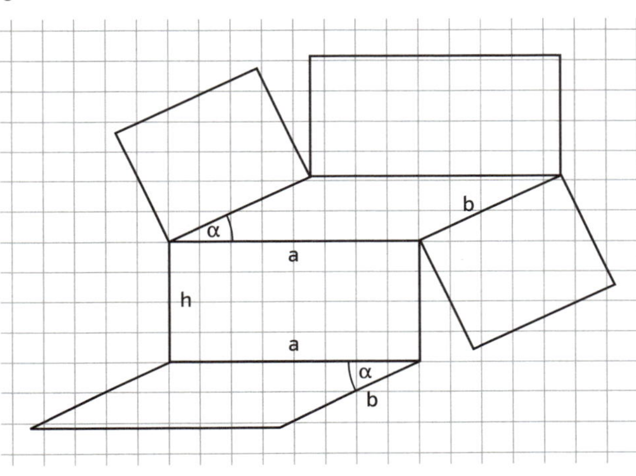

7

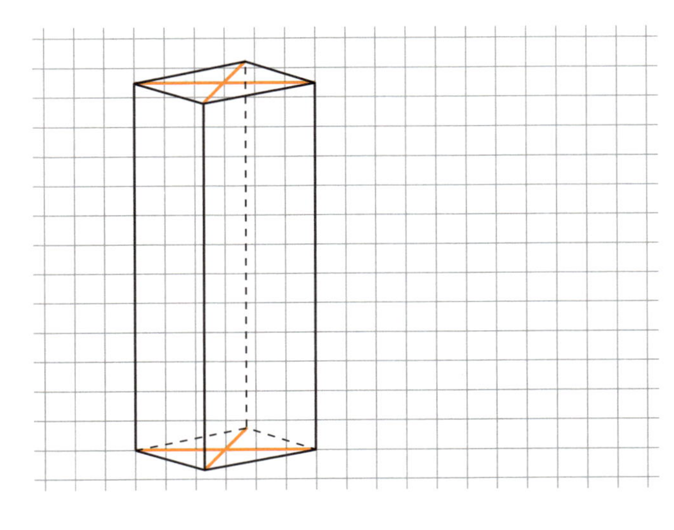

8

(1) $\beta = \alpha + 30°$

(2) $\gamma = 3\alpha$

(3) $\delta = \alpha + 60°$

(4) $\alpha + \beta + \gamma + \delta = 360°$

Man ersetzt nun β, γ und δ in (4) und erhält $6\alpha + 90° = 360°$.
Daraus folgt, dass $6\alpha = 270°$.

Man erhält also $\alpha = 45°$. Nun setzt man diesen Wert in (1), (2) und (3) und erhält $\beta = 75°$; $\gamma = 135°$; $\delta = 105°$.

9

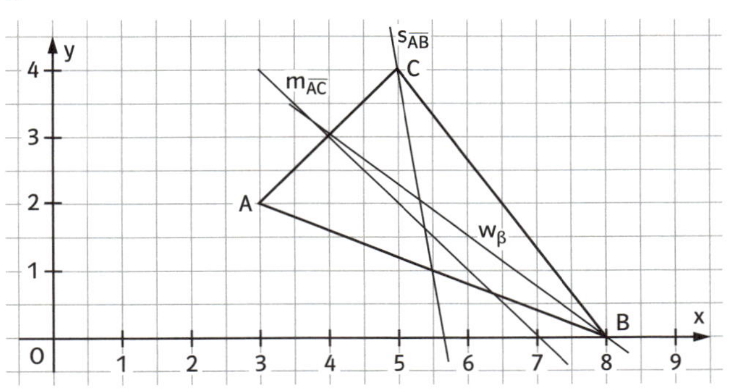

10

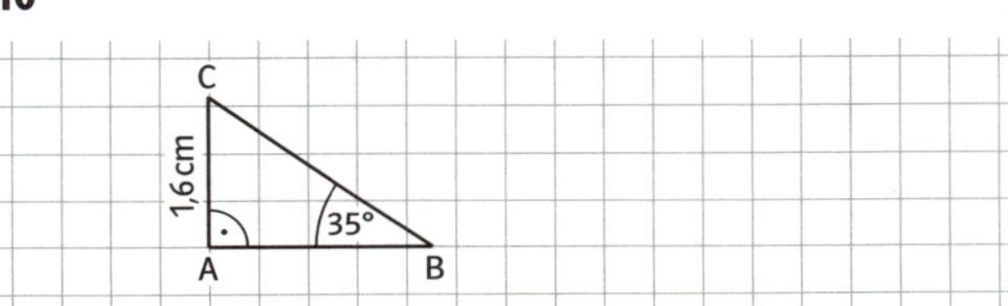

Man verkleinert die Längen um den Faktor 100. Die Strecke $\overline{AC}$ hat die Länge 1,6 cm. Sie bildet Richards Größe ab. Der Winkel β misst 35°. Die Strecke $\overline{AB}$ ist etwa 2,3 cm lang. Sie entspricht einem Schatten von 2,30 m in der Realität. Das ist die von Richard gemessene Länge.

Leitidee funktionaler Zusammenhang | Komplexe Aufgaben

Seite 34

1

a) Graph (2): Je länger die Kerze brennt, desto kürzer wird sie, das heißt, die Länge verringert sich. Man geht hier davon aus, dass die Kerze gleichmäßig abbrennt.

b) Graph (3): Am Anfang seines Lebens wächst ein Mensch ziemlich schnell, danach langsamer. Ab einem bestimmten Alter ändert sich die Körpergröße nicht mehr.

c) Graph (1): Wenn man gleichmäßig schaukelt, bewegt man sich gleichmäßig vom Boden weg und wieder auf ihn zu, ohne ihn dabei zu erreichen (da das Brett ja nicht über den Boden schleift). Dadurch entsteht eine Art „Wellenbewegung", wenn man nur die Höhe des Brettes über die Zeit hinweg betrachtet.

d) Graph (4): Wenn ein Getränk heißer ist als die umgebende Luft, kühlt es ab. Das geschieht umso schneller, je mehr sich die Temperatur des Getränks und die Lufttemperatur unterscheiden. Daher kühlt es am Anfang schnell ab und dann immer langsamer, bis beide Temperaturen gleich sind.

2

a) Der orangefarbene Graph gehört zu Hahn 1, denn er verläuft steiler. Aus Hahn 1 fließt doppelt so viel Wasser wie aus Hahn 2. Also steigt die Wassermenge in der gleichen Zeit doppelt so sehr an wie bei Hahn 2.
Der graue Graph gehört entsprechend zu Hahn 2.

b)

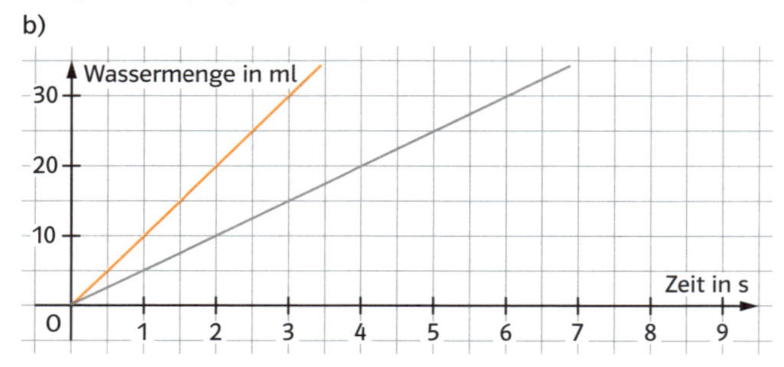

3

a) Ja. Verdoppelt man den Flächeninhalt des Rechtecks, so verdoppelt sich dessen Gewicht. Verdreifacht man den Flächeninhalt des Rechtecks, so verdreifacht sich dessen Gewicht. Generell gilt: Vergrößert sich der Flächeninhalt des Rechtecks um den Faktor n, so vergrößert sich dessen Gewicht um den gleichen Faktor. Man kann nämlich davon ausgehen, dass ein Stück gekaufte Pappe pro Flächeneinheit immer das gleiche Gewicht hat, da sie industriell hergestellt wird.

b) Beim Messen entstehen kleine Messfehler. Gründe für die Entstehung solcher Fehler sind beispielsweise Schwankungen in Rebeccas Aufmerksamkeit beim Messen, Ungenauigkeit der Messinstrumente (Lineal, Waage), unregelmäßige Schnittkanten.

c) Ein Rechteck mit dem Flächeninhalt $50\,\text{cm}^2$ wiegt 2,4 g. Da die Zuordnung proportional ist, wiegt ein Rechteck mit dem Flächeninhalt $1\,\text{m}^2 = 10\,000\,\text{cm}^2 = (50 \cdot 200)\,\text{cm}^2$ etwa $200 \cdot 2{,}4\,\text{g} = 480\,\text{g}$.

d) Dazu benötigt man einen Dreisatz:

Flächeninhalt (in cm^2)	Gewicht (in g)
50	2,4
x	1200

($\cdot 500$ auf beiden Seiten)

$x = 500 \cdot 50\,\text{cm}^2 = 25\,000\,\text{cm}^2 = 2{,}5\,\text{m}^2$

Seite 35

4

a) Die rote Kerze misst 20 cm, die gelbe nur 10 cm. Das lässt sich aus dem Graphen ablesen. Die rote Kerze ist also länger als die gelbe. Die rote Kerze brennt dennoch schneller ab als die gelbe. Die gelbe Kerze muss also dicker sein.

b) Die rote Kerze ist nach $3\frac{1}{3}$ Stunden abgebrannt, d.h. nach 3 h 20 min. Die gelbe Kerze nach $6\frac{2}{3}$ Stunden, d.h. nach 6 h 40 min.

c) Man kann den Schnittpunkt der beiden Geraden aus dem Schaubild ablesen. Man erhält etwa (2,3 | 6,5), was bedeutet, dass die Kerzen nach 2,3 h eine Länge von 6,5 cm haben.
Einen genaueren Wert erhält man, indem man die Funktionsgleichungen der beiden Geraden aufstellt.
rote Kerze: $y = 20 - 6x$, gelbe Kerze: $y = 10 - 1{,}5x$
Lösen dieses Gleichungssystems liefert die gerundeten Werte $x = 2{,}2$ und $y = 6{,}7$; d.h. nach ca. 2,2 Stunden sind beide Kerzen etwa 6,7 cm lang.

5

Abschnitt	AB	BC	CD	DE	EF	FG	GH
Steigung	−3	−1	0	3	1	0	−4

6

a) $y = 150 - 12x$, x ist die Zeit in Minuten.

b)

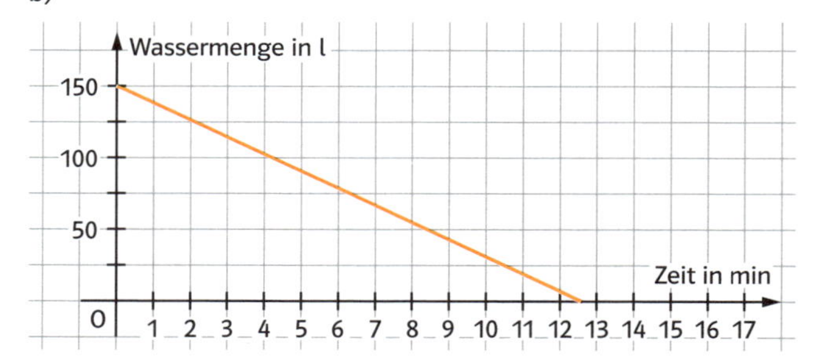

7

a) Bei einer proportionalen Zuordnung müssen die Quotienten *Preis/Stück* immer gleich sein, bei einer antiproportionalen Zuordnung müssen die Produkte *Preis · Stück* konstant sein. Da man keinen dieser Zusammenhänge feststellen kann, ist die Zuordnung weder proportional noch antiproportional. Man kann auch einfach das erste und das zweite Wertepaar vergleichen: (20 | 2) und (40 | 3,5). Eine Verdopplung des x-Wertes würde bei einer proportionalen Zuordnung die Verdopplung des y-Wertes bedeuten, was hier nicht der Fall ist. Bei einer antiproportionalen Zuordnung müsste eine Verdopplung des x-Wertes die Halbierung des y-Wertes bedeuten, auch das ist nicht der Fall.

b) Nein, da die Zuordnung weder proportional noch antiproportional ist, lassen sich keine Aussagen über andere Preise treffen.

8

Gewicht (in kg)	2	4	8
a) Preis (in €)	4	8	16
b) Preis (in €)	4	2	1
c) Preis (in €)	4	5	6

9

Zum einen sieht man, dass der abgebildete Graph keine Hyperbel ist. Rechnerisch kann man die Vermutung so überprüfen, dass man aus dem Graphen zwei Wertepaare abliest und die Definition der antiporportionalen Zuordnung überprüft, z. B. mit den Punkten (1|5) und (4|2). Wäre die Zuordnung antiproportional, so würde zum Vierfachen des x-Wertes ein Viertel des y-Wertes gehören. Dies ist hier nicht der Fall.

Leitidee funktionaler Zusammenhang | Grundfertigkeiten

Seite 36

1

a)

Holzbestand (in m^3)	275	300	400
Zeit (in Jahren)	rund 40	42	50

b) Nach 24, 50 und nach 76 Jahren. Es wurden insgesamt $90\,m^3 + 120\,m^3 + 130\,m^3 = 340\,m^3$ geschlagen.

2

a) Die Tabelle hat drei Spalten. In der ersten Spalte findet man das Ausgangskapital. In der zweiten die dazugehörigen Zinsen. In der dritten den entsprechenden Zinssatz. Manche Werte sind nicht angegeben.

b)

K in €	Z in €	p%
1400	56	4%
650	29,25	4,5%
1200	42	3,5%
98,5	4,43	4,5%
900	29,25	3,25%

3

a)

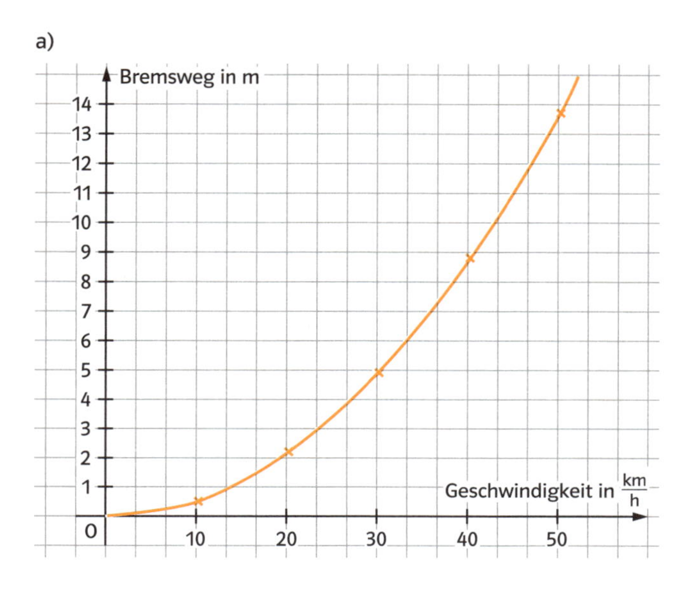

b) Der Graph ist keine Gerade.

c) Bei einer Verdopplung eines beliebigen x-Wertes müsste sich, im Falle einer proportionalen Funktion, der y-Wert ebenfalls verdoppeln. Überprüft man das für den Wert $x = 10$, so erkennt man, dass dies nicht der Fall ist.

d) Je größer die Geschwindigkeit, desto länger ist der Bremsweg. Oft nimmt man aber an, dass sich der Bremsweg bei doppelter Geschwindigkeit verdoppelt, bei dreifacher Geschwindigkeit verdreifacht usw. Das stimmt nicht. Verdoppelt man das Tempo, so hat man den vierfachen Bremsweg, verdreifacht man es, so hat man den neunfachen Bremsweg usw.
Als Autofahrer muss man sich also bewusst sein, dass schon geringe Tempoerhöhungen einen viel längeren Bremsweg bedeuten.

4

a) Man benutzt das Gleichsetzungsverfahren.

$2x + 3 = -\frac{1}{2}x + 1 \quad | \cdot 2$

$4x + 6 = -x + 2 \quad | -6$

$4x = -x - 4 \quad | +x$

$5x = -4 \quad | :5$

$x = -\frac{4}{5} = -0{,}8$

$y = 2x + 3 = -1{,}6 + 3 = 1{,}4$

Der Punkt hat die Koordinaten (−0,8|1,4).

b) Der Graph bestätigt das obige Ergebnis:

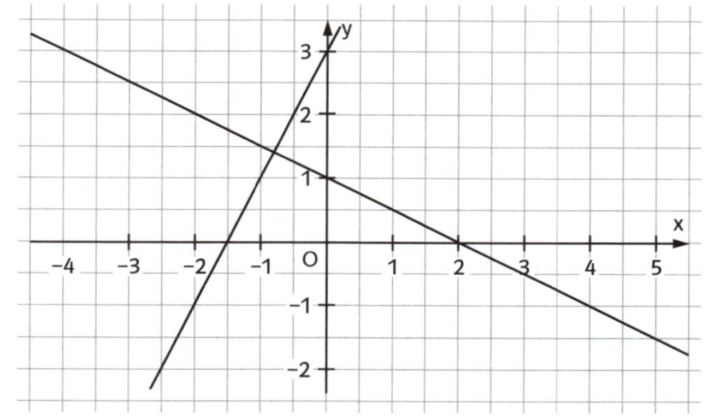

Seite 37

5

a)

x	−3	−2	−1	0	1	2	3	4
y = x − 3	−6	−5	−4	−3	−2	−1	0	1

b)

x	−3	−2	−1	0	1	2	3	4
y = 3 − x	6	5	4	3	2	1	0	−1

c)

x	−3	−2	−1	0	1	2	3	4
y = −2x	6	4	2	0	−2	−4	−6	−8

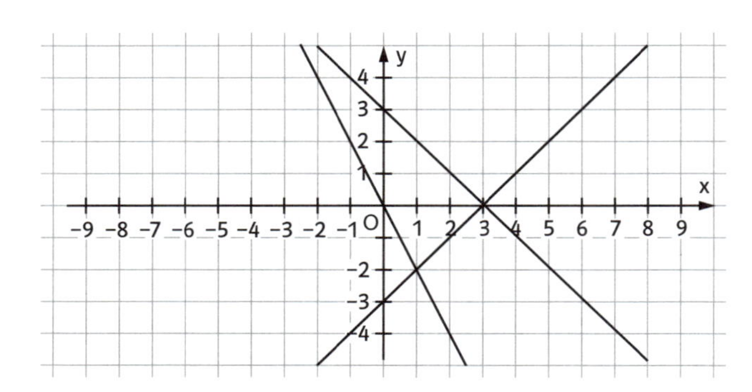

6

Man setzt die Koordinaten der Punkte in die Gleichungen ein und prüft, ob die Gleichungen erfüllt sind.
A gehört zu keinem der vier Graphen.
B gehört zu den Graphen von c) und d).

7

a) Gerundet erhält man die folgenden Ergebnisse:

Speise	L	S	P	Ki	Ko	M	V
Mann	213	274	567	607	773	2429	8500
Frau	175	226	467	500	636	2 kg	7 kg

b) Der Fettgehalt des angegebenen Menüs beträgt:
$15\% \cdot 250 + 11\% \cdot 180 + 3{,}5\% \cdot 400 = 71{,}3\,g$
Es bleiben höchstens noch $85\,g - 71{,}3\,g = 13{,}7\,g$ Fett, die Herr Paulus an diesem Tag essen dürfte.
Die Schokoladenmenge beträgt also $\frac{13{,}7}{31} \cdot 100 \approx 44\,g$.

8

a) Im Schaubild wird die Zuordnung *Alter eines Menschen ↦ Körpergröße* dargestellt.
b) Die Zeitspanne, die im Schaubild dargestellt wird, reicht von der Geburt bis zum 20. Lebensjahr. Die Größe wird dabei in Zentimetern dargestellt. Bei der Geburt ist ein Mensch ungefähr 50 cm groß. Dann wächst er bis ca. zum fünften Lebensjahr sehr schnell, danach verlangsamt sich das Wachstum etwas. Im Alter von etwa 13 Jahren wächst er wieder schneller, bis er 16 ist. Danach verlangsamt sich das Wachstum sehr deutlich.
c) Die Zuordnung ist nicht proportional: Der Graph verläuft nicht durch den Ursprung, denn bei der Geburt ist man ja nicht 0 cm groß.
Außerdem verdoppelt sich die Körpergröße nicht mit der Verdopplung des Lebensalters. Die Zuordnung ist nicht einmal linear, denn der Zuwachs ist nicht gleichmäßig; der Graph ist keine Gerade.

Leitidee Daten | Komplexe Aufgaben

Seite 40

1

Relative Häufigkeiten in Prozent:
Spanien: $\frac{2{,}6}{12{,}5} = 20{,}8\%$
Österreich: $\frac{2{,}5}{12{,}5} = 20\%$
Italien: $\frac{1{,}8}{12{,}5} = 14{,}4\%$
Großbritannien: $\frac{1{,}3}{12{,}5} = 10{,}4\%$
Schweiz: $\frac{1{,}3}{12{,}5} = 10{,}4\%$
Frankreich: $\frac{1{,}2}{12{,}5} = 9{,}6\%$
USA: $\frac{1{,}0}{12{,}5} = 8\%$
Niederlande: $\frac{0{,}8}{12{,}5} = 6{,}4\%$

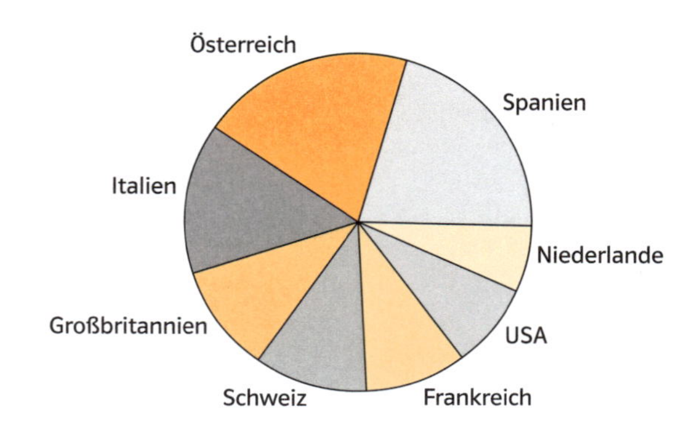

2

a) Nach den Angaben ist die durchschnittliche Größe eines Hundes $\frac{55 + 65}{2} = 60\,cm$.
Die Hunde des Züchters sind im Durchschnitt 60,58 cm groß, also ein bisschen größer als der allgemeine Durchschnitt. Würde man den Zentralwert nehmen, käme man aber nur auf 59,5 cm. Die Behauptung ist daher nicht so leicht zu beurteilen.
b) Der häufigste Wert ist 58 cm.
c) In diesem Fall sind die Hunde des Züchters laut Mittelwert deutlich überdurchschnittlich groß. Laut Zentralwert sind sie gerade durchschnittlich. Allerdings stellt das Weglassen zweier Werte bei einer so kleinen Datenmenge eine deutliche Verfälschung dar.

3

a) Die Ausgaben sind in diesem Zeitraum um rund 162 % gestiegen, das heißt, es ist etwa das Anderthalbfache hinzugekommen.
b) Der Faktor, um den sich die Ausgaben geändert haben, beträgt ca. 2,6. Die rechte Kiste wurde in Länge, Breite und Höhe jeweils um diesen Faktor vergrößert. Dadurch ist das Volumen dieser Kiste um den Faktor $2{,}6 \cdot 2{,}6 \cdot 2{,}6 = 2{,}6^3 \approx 17{,}6$ gewachsen. Das Auge wird also getäuscht.
c) Wahrscheinlich war dieser Fehler Absicht. Wenn man die Zahlen nicht beachtet und nur die Grafik ansieht, hat man den Eindruck, dass die Industrie ihre Umweltausgaben noch viel mehr gesteigert hat als das in Wirklichkeit der Fall ist. Das ist gut für den Ruf von Industriezweigen, die sehr umweltschädigend produzieren.

4

a) Minimum: 2
Maximum: 11
Spannweite: 11 – 2 = 9

Rangliste: 2; 2; 3; 4; 6; 6; 7; 7; 7; 7; 7; 7; 8; 8; 8; 9; 9; 9; 9; 9; 9; 9; 10; 10; 10; 11; 11
Zentralwert: 8
Mittelwert: $\frac{2\cdot2+3+4+2\cdot6+6\cdot7+3\cdot8+9\cdot7+3\cdot10+2\cdot11}{2+1+1+2+6+3+7+3+2}$
$= \frac{204}{27} \approx 7{,}6$
b) Minimum: 2
Maximum: 12
Spannweite: 12 – 2 = 10
Rangliste: 2; 2; 3; 4; 6; 6; 7; 7; 7; 7; 7; 7; 8; 8; 8; 9; 9; 9; 9; 9; 9; 10; 10; 10; 11; 11; 12
Zentralwert: 8
Mittelwert: $\frac{207}{27} \approx 7{,}7$.
Der Mittelwert steigt geringfügig. Der Zentralwert bleibt unverändert.

Leitidee Zufall | Komplexe Aufgaben

Seite 41

5

a) Jeder Würfel hat sechs verschiedene Ergebnisse. Es gibt also $6 \cdot 6 = 36$ mögliche Ergebnisse beim Werfen mit zwei Würfeln. In sechs Fällen erhält man einen Pasch (zwei Einer, zwei Zweier usw.). Daher beträgt die Wahrscheinlichkeit für einen Pasch $\frac{6}{36} = \frac{1}{6}$
b) $1 - \frac{1}{6} = \frac{5}{6}$

6

a) Nimmt man an, dass die Trommel 2 Gewinnlose und 3 Nieten enthält, so beträgt die Gewinnwahrscheinlichkeit $\frac{2}{5}$. Verdoppelt man die Anzahl der Nieten, so beträgt die Gewinnwahrscheinlichkeit $\frac{2}{8} = \frac{1}{4}$. Sie nimmt also ab.
b) Ähnlich kann man zeigen, dass in diesem Fall die Gewinnwahrscheinlichkeit steigt.
c) Die Gewinnwahrscheinlichkeit ändert sich nicht.
Nehmen wir an, die Trommel würde 6 Gewinnlose und 4 Nieten enthalten. Die Gewinnwahrscheinlichkeit ist dann $\frac{6}{10} = 0{,}6$. Nach der Halbierung erhalten wir $\frac{3}{5} = 0{,}6$.

7

a) $\frac{20}{30} = \frac{2}{3} = 66{,}7\%$
b) Die Wahrscheinlichkeit liegt bei 0, denn jeder spricht eine Fremdsprache.
c) $\frac{10}{30} = 33\%$

8

Man muss alle möglichen Ergebnisse herausfinden, bei denen keiner von beiden gewinnt. Das sind genau drei:
1. Beide haben „Stein".
2. Beide haben „Schere".
3. Beide haben „Papier".
Dann muss man wissen, wie viele mögliche Ausgänge es insgesamt gibt. Am Baumdiagramm sieht man, dass es genau neun sind:

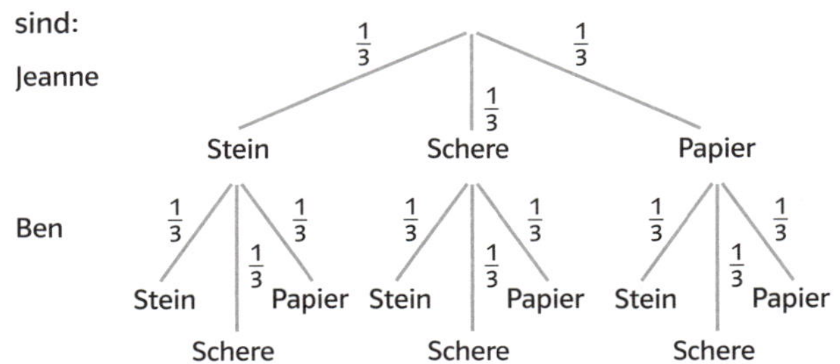

Damit beträgt die gesuchte Wahrscheinlichkeit
P (keiner gewinnt) $= \frac{3}{9} = \frac{1}{3}$

Leitidee Daten | Grundfertigkeiten

Seite 42

1

a) In den Jahren 1998 bis 2000 lag die Anzahl der Mädchen über der der Jungen. Im Jahr 2001 waren annähernd gleich viele Jungen und Mädchen auf der Schule. In den folgenden Jahren waren es immer mehr Jungen als Mädchen.
b)

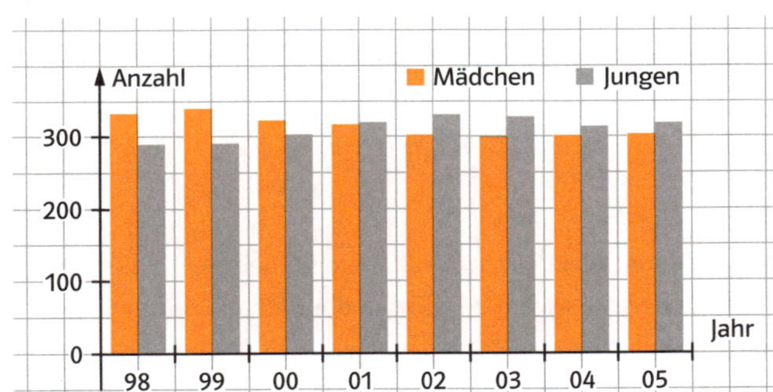

c) Am Diagramm kann man die Entwicklung von Jungen und Mädchen sowohl getrennt als auch im Vergleich sehr schnell erfassen. Man sieht, dass die Zahl der Mädchen zunächst fällt und dann ungefähr konstant bleibt, während die Zahl der Jungen zunächst ansteigt und dann wieder leicht sinkt.

2

Man vergleicht $\frac{899}{6977} \approx 0{,}129$ und $\frac{1723}{5329} = 0{,}32$. Der Anteil der 14-jährigen Jungen ist also größer.

3

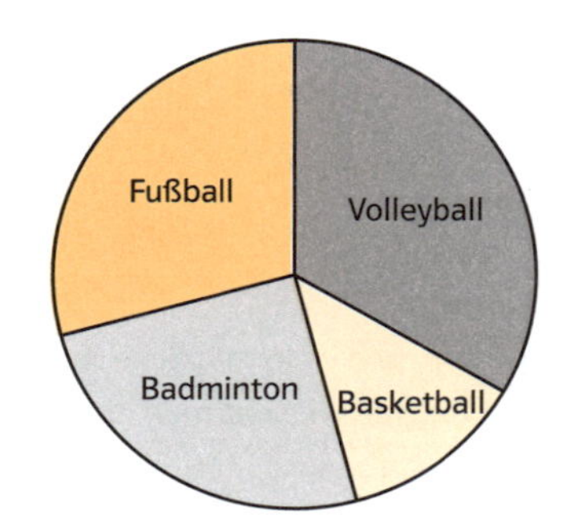

4

a) Die Werte sind aufsteigend geordnet. Beide sind also Ranglisten. Das Maximum und das Minimum haben in beiden Fällen die gleichen Werte. Die einzelnen Werte haben unterschiedliche Häufigkeiten.
b) Der Zentralwert ist in beiden Fällen 8. Die Spannweite ist in beiden Fällen $12 - 0 = 12$. Der Mittelwert ist 7. Die Kennwerte Spannweite, Mittelwert und Zentralwert sagen beim Vergleich dieser beiden Listen nicht viel aus, da sie gleich sind, obwohl die Listen sich unterscheiden.
c) Eine Darstellungsweise, die die Unterschiede zwischen den Listen sehr deutlich macht, sind Boxplots. Hier gibt man nicht nur Mittelwerte und Spannweiten an, sondern auch, in welchem Bereich die meisten Werte liegen. Die so genannte „mittlere Hälfte" der Werte umfasst in der ersten Liste nur die Werte 7 und 8, während sie in der zweiten Liste von 2 bis 12 reicht, wobei der Zentralwert sehr viel näher an der 12 als an der 2 liegt. Dadurch erkennt man, dass der Maximalwert mehrmals existiert.

Leitidee Zufall | Grundfertigkeiten

Seite 43

5

Erste Lösung: Man nimmt ein konkretes Beispiel: Die Trommel enthalte beispielsweise 2 Treffer und 6 Nieten. Die Gewinnwahrscheinlichkeit beträgt dann $\frac{2}{8} = \frac{1}{4} = 25\%$.
Zweite Lösung: Es sei N die Anzahl der Nieten und T die der Treffer. Die Gewinnwahrscheinlichkeit beträgt $\frac{T}{N+T} = \frac{T}{T+3T} = \frac{1}{4}$.

6

a) Das orangefarbene Feld nimmt ein Viertel der Gesamtfläche des Glücksrades ein. Deswegen beträgt die Wahrscheinlichkeit, dass orange angezeigt wird, jedes Mal $P(\text{orange}) = \frac{1}{4}$. Nach der Pfadregel gilt dann $P(\text{zweimal orange}) = P(\text{orange}) \cdot P(\text{orange})$ $= \frac{1}{4} \cdot \frac{1}{4} = \frac{1}{16}$.
b) Welche Farbe beim zweiten Drehen des Rades angezeigt wird, hängt nicht vom ersten Drehen ab. Man muss also nur überlegen, wie wahrscheinlich „grau" beim einmaligen Drehen ist. Da die hellgraue und die dunkelgraue Fläche zusammen $\frac{3}{4}$ der Gesamtfläche einnehmen, ist $P(\text{grau}) = \frac{3}{4} = 75\%$.

7

Es gibt 36 mögliche Ergebnisse. Hanna gewinnt bei den folgenden Kombinationen: (1; 1); (1; 2); (1; 3); (1; 4); (2; 1); (2; 2); (2; 3); (3; 1); (3; 2); (4; 1); (6; 4); (6; 5); (6; 6); (5; 5); (5; 6); (4; 6). Insgesamt sind es 16 Möglichkeiten. Die Wahrscheinlichkeit, dass Hanna gewinnt, ist $\frac{16}{36} = \frac{4}{9} < 50\%$. Christoph hat die besseren Chancen.

8

a) Wenn man das Glücksrad einmal dreht, sind die möglichen Ergebnisse grau, orange oder weiß.
b) Da die Felder des Glücksrades alle gleich groß sind, kann man damit rechnen, dass jedes einzelne Feld die gleiche Wahrscheinlichkeit hat. Man muss für die Bestimmung der Wahrscheinlichkeiten für die Farben also die Anzahl der richtig gefärbten Felder durch die Gesamtzahl der Felder teilen.
Anzahl orangefarbene Felder: 1
Anzahl graue Felder: 4
Anzahl weiße Felder: 11
Gesamtzahl der Felder: 16
Damit ergibt sich
$P(\text{orange}) = \frac{1}{16}$
$P(\text{grau}) = \frac{4}{16} = \frac{1}{4}$
$P(\text{weiß}) = \frac{11}{16}$

9

a) Günstige Ergebnisse: 3; 4; 5; 6. Also ist $P(\text{mindestens } 3)$ $= \frac{4}{6} = \frac{2}{3} = 67\%$
b) Günstige Ergebnisse: 2; 3; 4; 5. Also ist $P(\text{weder 1 noch 6})$ $= \frac{4}{6} = 67\%$

10

a) Es wird eine ungerade Zahl gewürfelt.
b) Es wird eine schwarze Karte gezogen.
c) Mit zwei Würfeln wird eine von 10 verschiedene Augensumme gewürfelt.